仙客来栽培技术

王云山　康黎芳　编著

金盾出版社

内 容 提 要

本书由山西省农业科学院园艺研究所专家编著。内容包括:仙客来栽培现状、种和品种、植物学性状、对环境条件的要求、繁殖技术、四季管理、高效率育苗技术、如何缩短仙客来的栽培周期、仙客来的无土栽培、主要病虫害及防治、仙客来的商品化及选购利用、仙客来新品种的培育等12个部分。内容通俗易懂,图文并茂,有插图35幅、彩图10幅。适合广大花卉爱好者、园艺工作者、养花专业户和林校师生阅读参考。

图书在版编目(CIP)数据

仙客来栽培技术/王云山,康黎芳编著.—北京:金盾出版社,1993.5

ISBN 7-80022-626-3

Ⅰ.仙… Ⅱ.①王…②康… Ⅲ.仙客来-栽培 Ⅳ.S682.2

金盾出版社出版、总发行

北京太平路5号(地铁万寿路站往南)

邮政编码:100036 电话:68214039 83219215

传真:68276683 网址:www.jdcbs.cn

封面印刷:北京金盾印刷厂

正文印刷:北京天宇星印刷厂

装订:双峰装订厂

各地新华书店经销

开本:787×1092 1/32 印张:3 彩图:10幅 字数:66千字

2006年12月第1版第8次印刷

印数:87001—88000册 定价:3.00元

目　录

一、仙客来栽培现状

仙客来(Cyclamen)原产于地中海沿岸的希腊、土耳其、意大利、以色列、黎巴嫩、塞浦路斯、法国南部等国家和地区，为报春花科、仙客来属半耐寒性球根植物。因其花形别致，色泽艳丽，花期长而且适逢元旦、春节等重大节日而深受人们喜爱，逐渐成为主要盆花之一。无论国际、国内市场，需求量日益增多。在荷兰的花卉市场上，仙客来被列为十大盆花之一，占花卉年销售额的7%左右。在日本市场上，仙客来的需求量是仅次于兰花的第二大盆花，平均每9人就占有1盆，单价可达1万日元。现代办公室利用大规格玻璃窗创造明亮的内部环境，使仙客来的销售量日益增加。

1971年世界仙客来协会成立，到1982年会员已遍布全世界，通过种子交换可交流品种，保存和扩大种质资源，使仙客来得到更快的发展。

经过不断的努力，仙客来新品种已不断育成。尤其是借助计算机来完成仙客来的杂交育种设计，使新品种具有栽培周期短、花形一致、适应性强、花色更受人们喜爱等优点。特别是一代杂种的利用更为商品化的品种专利及赢利提供了保护。目前，每年都有许多杂交1代品种出现，并育出了大花芳香型的仙客来。近来，迷你型即微型仙客来又日益引起人们的兴趣，需求量越来越大，欣赏要求日益多样化。日本人酒田于1960年创造了第一个重瓣花品种以Kimona命名。现在重瓣花、皱边花、观叶仙客来等种类繁多，可以满足不同欣赏者的要求。

在栽培技术方面，欧美和日本已基本实现了高度专业化分工和集约栽培。由于在育苗、采种及栽培各阶段的高度分工，便于使受控因子统一，因此使集约栽培的优越性更得以体现。应用现代化的温室设备自动控制适合仙客来生长、发育的一切条件，采用新的栽培措施，使产品的产量和质量进一步提高，已成为仙客来生产和研究的中心课题。

日本的一些地方近年来为了降低成本，采取夏天将仙客来转移到比较凉爽的山地生长，秋天返回平原温室培育的方法，使盆花的上市时间从 10 月份延续到翌年的 3 月底。

我国引入仙客来的时间大约在本世纪 20～30 年代。50 年代初在北京、天津、青岛等地开始进行栽培技术和育种的研究，80 年代开始又从美国、日本等地引进了一些新的品种，使仙客来的品种更为丰富。同时，我国园艺工作者选育的杂交种也相继出现，使美丽的仙客来翩翩进入百姓家。我国的园艺工作者对仙客来的种子脱毒、工厂化育苗、促成栽培、无土栽培基质、营养液配方等关键技术进行了一系列的研究，并取得了可喜的成绩。天津、上海、青岛等地也都形成了一定的商品性生产规模，开始销往港澳等地，为出口创汇开辟了一条新路。

二、仙客来的种和品种

仙客来属的起源复杂，有证据表明仙客来是史前幸存的早期类型植物之一，因为它的许多重要特性均存在于 600 万年前的第三纪地质时代。此外，从其分布来看也是在地壳运动过程中当陆地表面分离转移时，从一个原始种发展而成的不同类型。但是，尽管许多仙客来看起来相似，但它们之间杂交却是不结实的。同时，在一个地区或生态区域内的种的染色体数也未必一致。

经过园艺育种家的不断努力，仙客来发展到今天已经培育出了许许多多的园艺品种。但是，仙客来的原始种却是根据其原产地的分布而进行分类的。在国外，贝莱将仙客来的原始种分为 41 种，其后德伦勃斯等又将其分为 20 种，也有人分为 15 种等等。但比较流行的是将原始种分为 18 种。

（一）仙客来的种

1. 仙客来（Cyclamen Persicum Mill） 原产土耳其南部、希腊克里特岛、塞浦路斯、巴勒斯坦、叙利亚等地。在突尼斯生长在橄榄树丛中的沙土地上。现在的栽培品种大部分都是由这个种选出和培育而来的。

本种具有大的扁球形块茎，球茎可生活百年以上。茎上产生花梗和叶柄，在基部周边形成根环，根粗壮像绳状。叶圆形或心脏形，叶缘有齿状牙，有些齿较大。叶面浓绿带有银色斑纹，斑纹多为戟形图案或圆点，叶背绿色有紫红带，叶柄长 5～15 厘米，叶不耐寒。花茎高 15～20 厘米，一般高过叶丛，不卷曲，但当蒴果坐果成熟时梗弯曲，变得硬挺而弓起。花大，直径约 3.8 厘米。花形多有变化，花瓣长、狭窄而扭曲，有鸡冠状花瓣、波状花瓣、重瓣等。花色有深红、桃色、白色、紫色等。花冠带有强烈香味，具有浅色斑，洋红凹。染色体数 2n＝48。

2. 欧洲仙客来（C. purpurascens Mill） 原生于欧洲高原，分布于意大利、保加利亚、瑞士南部、南斯拉夫北部和奥地利。生长于石灰岩和山毛榉林中。

球茎圆形或小圆块，表面布满粗壮稠密的褐色根系。球茎可保留叶片，也可在休眠后再产生新叶和花茎。叶片圆形或心脏形，一些叶在深绿色叶上具银白色网状花边。另一些是无花纹的暗绿色。边缘有细密小齿，叶背紫红色。花与叶同时显现，可四季开花，一般多在夏秋开花。花茎长10～15厘米，花朵较小，花色有胭脂红和粉色、紫色，还有珍贵的白化体植株，但白化体在栽培中是自花不育的，需要人工授粉杂交。

在原产地该种在森林树荫下能茁壮生长，因此喜欢半荫凉爽，不喜阳光充足。球茎喜肥沃的腐殖质，1年当中的任何时候都不允许干透。种子萌发后3年之内生长成熟，球茎可一直长大到23厘米。染色体数2n＝34。

3. 非洲仙客来(C. africanum Boiss et Reuter)　原产非洲。花白色、粉红色或红色，以其醒目的花和叶引人注意。花期早，一般在8～9月开花，花期可延续到圣诞节。

非洲仙客来最不耐严寒。它是仙客来属中叶子最大的种，叶组织坚韧，纯亮绿色或具有暗色斑纹。一般叶为尖角或心脏形，具圆突，有的为宽长春藤叶形。边缘有一个与众不同的特征是具有浓密的小点，用手触摸可清晰地辨别出来。叶直立在球茎上。非洲仙客来的另一个特征是花与叶一起出现，花有时是香的，花药颜色全是黄色。球茎扁平，表皮具有软木结构，色泽灰褐。球茎在温度较高时生长迅速，特别是种植在合适的栽培基质上，球茎可长到30厘米宽。播种后第三年开始开花，偶尔也可在第二年开花。染色体数2n＝34。

4. 小花仙客来(C. coum Mill)　小花仙客来广泛分布于伊朗北部到黑海边、土耳其、保加利亚、叙利亚、黎巴嫩和以色列北部，在高加索也有分布。该耐寒性强的种的优点之一就是能在冬季开花，花芽在12月显现，花期持续到3月。叶为暗绿色肾脏形，表面暗或明亮，有浅绿色戟形图案或斑点，近来已培育出较珍贵的叶缘有宽银边或叶子完全覆有银色的品种。球茎圆形有薄的木栓表皮，顶部有凹痕。新叶和花芽从球茎顶部长出，根从底部中间长出。植株长到第三年球茎约达3厘米时开花，花冠短宽，花小，花瓣不长，白色至红色，也有淡玫瑰粉或深品红。染色体数 2n＝30。

5.波叶仙客来（C. repandum Sibth） 波叶仙客来是地中海地区特有的；从法国南部到意大利撒丁岛、希腊克里特岛和南斯拉夫中部都有分布。生长于橄榄树下荫凉处，为一林地植物。花深粉色，3 月底至 5 月开花。叶片心脏形，边缘有齿，在绿色背景上戟形图案非常醒目。在开花前要生长发育数月，比较耐寒，小的扁球形球茎有褐色表皮，根从底部生长。种内有 3 个变种，染色体数 2n＝20。

6.西西里仙客来（C. cilicicum Boiss et Heldr） 原产西西里岛、土耳其南部和安纳托利亚森林地带的松林中。生长在半遮荫的高山上，在那里生长很快，比较耐寒，开花期从仲秋到仲冬。典型的淡粉色花有深洋红斑，穴弯狭小，花瓣长 10～18 毫米。叶与花芽同时出现，为整齐的汤匙形，有银色边，全缘或具细齿。球茎小，圆形，表皮光滑，新叶从顶部中心出现。根系从底部中心环生长，培育种苗两年内可以开花。染色体数 2n＝30。

7.希腊仙客来（C. graecum Link） 希腊特产。通过希腊和土耳其北部传向南方。该种经常发现生长于森林中阳光充足的石灰岩形成的碎石下砂地上。1906 年希尔德布兰德在仙客来的研究中发现它的花梗从底部开始卷曲，比其他种类蒴果更下垂。

花白色具有洋红凹，在颜色上有变异，从淡粉到深鲜红不等。凹缺在花冠裂片迅速生长时形成，花瓣长而狭，能直立或优美地扭曲，大多数花比较大。叶芽与花芽同时显现或在花芽之后出叶，心脏形叶具细密小齿和柔软光滑的组织。从该种中可收集具有鲜明白色大理石般或银色叶以及稀有的灰绿色叶上具有复杂花边，其图案像雪花的品种。球茎比其他种更近椭圆形，表皮粗糙，软木状表皮厚，肉质根。野生状态下花高可达60厘米，在栽培中球茎直径可长到20厘米左右。播种第三年到第四年首次开花，如果在夏季休眠期球茎合理供水，可在每年秋季开花。在七八月间不能太干燥，根系保持水分更好，因为在原产地，经常发现球茎在岩石下，肉质根伸向干热的土壤表面以下的有水区。盆栽用砂石更好。染色体数2n＝84。

8. 巴利阿里仙客来（C. balearicum Willk） 原产地中海巴利阿里群岛，特别是马略卡岛，同时其种群在法国南部也有分布。该种生长在山毛榉树荫下、充满腐殖质的石灰岩裂缝中或悬崖下阴凉处。

花期在三四月份。花白色、偶尔有粉色，有芳香。在冷室或不加温温室中种植时花梗较短。叶和花同样多，叶略大而薄，卵圆形或心脏形，带蓝灰色的上表面有银斑，红色叶背，边缘有细小齿。球茎小而扁平，根系从底部中心着生，严寒时要加防护。叶片在灼热的阳光下需加遮荫。染色体数2n＝20。

9. 克里特仙客来（C. creticum Hildebr） 克里特仙客来分布于希腊偏僻的克里特岛地区。它开美丽的白花，球茎生长在山坡丘陵橄榄树下多石的红土中，多在深沟阴凉处和石缝中。在资源保护法颁发前，在希腊克里特岛上曾大量发现本种，并被收集者带回。耐寒性弱，花期3～5月份。微香，没有洋红凹，花瓣狭窄精巧。叶片小，倒心脏形、尖角。叶面深绿或有银色斑，背面深红。球茎像一个平的圆形，根系着生于底部中间，球茎有薄的褐色外皮。

10. 黎巴嫩仙客来（C. libanoticum Hildebr） 本种原生于贝鲁特东北部山坡上石头和树根之间，在当地很普遍，以后几近绝迹。

粉色香花 2～3 月份开放，芽在冬前形成，但一直保持到春天才开。花径大于 2.5 厘米，比大多数仙客来花冠裂片大，尖卵圆形，花梗长 15 厘米左右，花色由浅粉到深红。叶片略呈圆形或倒心脏形，初冬显现。叶面有橄榄色宽带，叶背为浅红色。本种可生长在干燥、阳光充足的环境中，但球茎很小。球茎在栽培中可以长时间增加，根群数量也增加。成年球茎软木化，底部边上形成细长根，容易种植。染色体数 2n＝30。

11. 塞浦路斯仙客来（C. cyprium Kotschy） 原产塞浦路斯群岛，花初开时为白粉色，有浓香，成熟时很快变成白色。花冠裂片非常狭窄，有圆穴弯。盛花期在晚秋，持续到圣诞节。叶片有明亮的橄榄色或宝石色，在暗绿背景上有鲜明的银白斑，少部分叶表面有银绿和暗绿斑纹，早期叶表面常为红色。耐寒性弱，球茎在夏季休眠期之后缓慢生长。染色体数 2n＝30。

12. 木拉贝拉仙客来（C. mirabile Hildebr） 为土耳其南部特产，块茎生长于石灰岩土中，大多为粉色花。花瓣狭窄，尖端边缘具有纤细小齿，花冠口上具有暗斑，近中心表面有小的蜜腺细胞，花期从夏末持续到 11 月。幼叶表面具有鲜明的深红色，有时这种颜色在叶上戟形图案当中有明显界限，有时贯穿整个中心区域。球茎大、木栓化，根从中心周围环状生长，根系粗纤维状。一般在种苗生长 3 年之后，球茎长到 4 厘米左右时开花。染色体数 2n＝30。

13. 地中海仙客来（C. hederifolium Aiton） 自然分布于欧洲南部意大利科西嘉岛、撒丁岛，法国南部和希腊，其次在土耳其西部以及爱琴海中的各岛。阴生于栎属和橄榄树下，耐寒性强，芽通常在夏末发生，开花可一直持续到秋末。种内的两个变种一个开花早，一个开花迟。

花淡玫瑰红色。有洋红凹，花冠裂片长短不同，一般为 2

厘米，花细长柔软，花量较多，并且随球茎的生长而增加。叶在花后出现，叶柄往往呈匍匐状。叶形、叶色和叶面图案有很大差异，从全绿叶到浓银色叶，有一些类型是中心淡黄绿色或淡果绿色，边缘几乎为黑绿色。叶缘有齿，叶尖圆或尖。叶在1年中的大部分时间都存在，但许多植株在盛夏六七月份的不良环境下会失去叶片。因此，应使年青植株保留叶片渡过整个休眠期，这就需要注意遮荫和浇水。

球茎扁平，有软木状周皮，顶部和周围生根，在适宜的环境中翌年就能开花，但经常是在第三年球茎长到6厘米左右时开花。球茎每年增大，可一直长到小桌子大小，生命最长的记录是150年以上。

14. 特罗霍普仙客来（C. trochopteranthum Schwarz） 本种直到近代才被发现，它同小花种仙客来有些相似。花大多为浅粉色，也有深粉类型的，红宝石般暗红色花冠口。花冠裂片从来没有彻底反折，只是永远保持90度角，就像飞机的螺旋桨。每朵花大约4厘米宽。叶色深绿，具有戟形色斑，红色叶背。球茎圆形，耐寒，开花从冬季到春季，一般种后3年形成花芽，适于温室种植。染色体数2n＝30。

15. 帕尔夫洛仙客来（C. parviflorum Pobed） 这是一个最小型的仙客来，非常珍贵。花为暗粉紫色，基部没有洋红斑区，一般在秋末扁平的球茎顶部形成花芽，冬末到春天开花。花梗较短，仅超出叶丛，每个花冠长度5～10毫米。深绿色叶缘，1年中大部分时间植株都保留叶片，近乎常绿。子叶浅绿，比真叶色淡。球茎小，具薄的鲜绿色外表皮，顶部有一中心生长点，底部有中心根盘，全年连续生长。花芽第一次发育约在第二或第三年生时。比其他仙客来容易受干燥的影响。染色体数2n＝30。

16. 普斯迪贝拉仙客来(C. pseudibericum Hildebr)　本种的花为亮粉红色，比小花仙客来大，同时也更醒目，在花冠基部有1对引人注目的白色斑被深褐紫色区所包围。本种在遮荫下生长良好，但在温室中可忍受全光照。花期一般在3月，如果在温室中，2月也可进入花期，是1年中花期最早的仙客来。秋天形成芽直到翌年初春才发育，花瓣的颜色和香气最受欢迎。叶心脏形，多有鲜明的大理石花纹，抗寒力特别强。球形球茎，顶部扁平，表皮质地软化，根系从底部发出。染色体数2n＝30。

17. 罗尔夫斯仙客来(C. rohlfsianum Aschers)　本种为珍贵的秋花种，不抗寒，冬季需温暖的环境。花深粉色，芳香，花长，花冠裂片尖角扭曲。花从9月开到11月。结实花梗从基部到尖端卷曲，这一点不同于大多数仙客来。

叶出现在花之前，球茎从顶部的任何一点着生。幼叶在叶柄上覆有褐粉色毛，但当充分发育时毛即失去，叶片变宽，具深裂和齿状。一些品种为银叶，其他的叶色为浅绿或深绿正面，反面为深绿或红色。幼叶是全缘的，成熟时叶开裂。球茎呈不规则形，最终生长成长软木状，顶部变平，直径可达20厘米或更大些，褐色根从球茎边上长出。染色体数2n＝96。

18. 康莫达仙客来(C. commutatum Schwarz et Lepper)本种是在非洲西北部发现的，但同非洲仙客来在染色体数上不同。同地中海仙客来(染色体数34)杂交不结实，很可能是因为染色体数不一的关系。染色体数2n＝68。

(二)仙客来的品种

仙客来的园艺品种分类，往往没有引起人们的重视，至今没有统一的标准。仅仅是在出售时根据花色、花形等外观特征来加以区分和描述。随着仙客来的商品化、国际化，其品种分类及名称将会变得越来越重要。今后，不管是买方还是卖方都会更加重视品种的名称，以确保品种的优良性状。人们在赏花的时候也会通过名称的联想，唤起对仙客来更深的爱心。

现在的仙客来品种大部分是从原种仙客来(C. persicum Mill)经过多年培育改良而来的。国外有人根据工业化生产中仙客来的产量、用途、销售期及植株大小进行品种分类。也有人根据花的大小、花色、叶形、叶色以及开花方式等进行系统分类。例如，日本将仙客来分为 6 类，现介绍如下：

1. 大花系 这种豪华型大花仙客来，为冬季的主要盆花，一般栽于直径 15 厘米左右的花盆中。特点是花色鲜艳，品种繁多，观赏价值高。本系统品种还在不断增加，颜色也更为丰富多彩，是元旦、春节极好的礼品用花。本系统仙客来对温度的要求比较高，在家庭种植时，冬季夜间最低温度要保持在 10～12℃。如果温度降低到 7～8℃就会延迟到翌年春天才开花，5～6℃时即枯萎停止生长。相反，如果夜间温度高于 10～12℃又会造成株型混乱、徒长而影响观赏。

本系的主要品种有：胜利女神、巴巴库、橙色绯红等。其中复色花的胜利女神最为动人，花为白色底红色边，花边为波状皱纹，花底口为红色，非常美丽，深受人们喜爱。

2. 作曲家系 本系的品种育成之后，大都以世界著名音乐家、作曲家的名字来命名。和普通仙客来一样也是大花型，一般栽于直径 15 厘米盆中，比普通仙客来抗寒性稍强，管理方式同普通大花仙客来。主要品种有：肖邦、海顿、约翰·斯特劳斯、李斯特、勃拉姆斯、贝多芬、巴赫。

3. F_1 系 本系的仙客来利用一代杂种优势，具有株型强健、品质优良、生育速度快.种子发芽率高、上市期整齐等特点。对低温的适应性强，最低温度达5～6℃时仍可正常生长开花。一般栽于直径12～15厘米的盆中，花叶排列整齐，为春秋冬兼用型花。本系由于具有特殊商用价值，已广为传播，迅速发展到各地。

F_1系的品种名称大部取自世界著名的歌剧名称，所以有时又被称为歌剧系。例如：托斯卡、卡门、阿依达、诺尔玛、包列罗、爱斯米拉达。

4.微型系 微型系又被称为“迷你”(mini)系。其主要特征是小型多花，常带有香味。一般栽于直径9～12厘米的小花盆中，作为早春上市的盆花。也可培养于6～7厘米的微型花盆中，作为特型花供观赏。同1代杂种一样具有较强的耐寒性，夜间温度5～6℃以上时春天可开花。微型仙客来根据其花形、名称等又分为4个子系统。

(1)**多花系** 有玫瑰玛丽、乌依丽。

(2)**直立系** 有柔板、阿莱格里、钢琴。

(3)**宝石多花系** 有紫水晶、尖晶石、黄玉石、青玉。

(4)**德累斯顿系** 有安妮利埃、夫利基德。

5.巨大花系 也叫拉丁美洲系。为超大花，1枚花瓣的长度可达7厘米以上，花瓣边缘有皱波纹，花开向下，花色有红色、粉色，一般作为亲本授粉使用，也有杂交后代供人们观赏。

6.芳香仙客来 原种仙客来C. persinum Mill是带有香味的，但是在漫长的育种过程中往往失去了香味，仅在一些微型仙客来中还带有一定的香气。现在香型仙客来也早已作为各国园艺家育种的目标之一，并且已经育出了一些带香味的大花仙客来品种，如日本的“恋人”等。

我国的仙客来育种工作起步较晚，近几年随着品种的引进，使得人们越来越认识到培育适应我国自己栽培所需品种的重要性，并且在育种工作中也取得了可喜的进展。一些单位还根据自己在科研中的认识进行了品种分类。

三、仙客来的植物学性状

（一）花

仙客来的花梗着生于球茎叶腋间，花梗长一般为10～20厘米，一些用于切花的品种花梗可长达25厘米以上。在希腊仙客来和地中海仙客来的原产地，种苗自然地生长在母体的球茎上，当长满的种苗同母体竞争光照和空气时，母体可被迫长出强壮的花茎以穿过种苗长到外面。

花冠为5瓣深裂，花筒较短，内有5枚雄蕊和1枚雌蕊。雌蕊柱头从子房上伸出，一般高于雄蕊，雌雄蕊很易用肉眼看到。花瓣长椭圆形，先端钝圆。仙客来之所以引人注目是因为花冠的开花方式向后弯曲。开花后花瓣紧贴花梗向上翻卷，形似兔耳，因此俗称兔耳花。但有的种花不扭曲，例如黎巴嫩仙客来，这样的花看上去会显得更大些。特罗霍普仙客来花瓣仅半反转，使花呈现风车状。如果花瓣反转，在一般情况下很少能看到花梗顶部的褐绿色萼片。花萼有5片矛型开裂，其形长短因种而异，普通仙客来在栽培中可以变成卵圆形或圆屋顶形。

花瓣的形状因品种而异，有单瓣、波状、重瓣等（典型的仙客来花见图1、图2）。巨型花的仙客来花瓣长度可达7厘米以上，微型仙客来的花瓣可短到1厘米以下。大花仙客来花瓣全缘、毛边，能像兰花一样起皱褶。

仙客来的开花数因品种及栽培时间不同而异，有的可同时开放上百朵之多。仙客来的花色丰富多彩，有纯白、粉红、桃红、大红、复色等等，甚至有几乎是黑紫色的花。鲜艳夺目，万紫千红的花色也成为仙客来引人注目、惹人喜爱的因素之一。

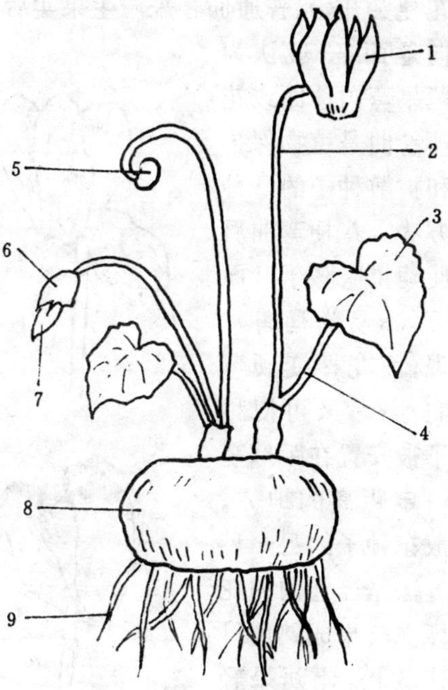

图1　仙客来植株

1.花　2.花梗　3.叶　4.叶柄　5.果　6.花萼　7.花蕾　8.球根(球茎)　9.根

仙客来为上位子房，内含许多胚珠。雄蕊靠近子房，大的花药可成为黄色、褐色、紫红色，依种而异，被压向子房。成熟花粉在微风和花的振动下落在柱头顶的粘液中。有的昆虫也可帮助授粉，但它们往往对花色艳丽、有强烈香味的花才感兴趣。花粉到达柱头后发芽，花粉管向下生长进入子房，精细胞使卵细胞在子房中受精。有时也会发生孤雌生殖。

受精后形成的果实称为蒴果，一般呈球形，蒴果的大小依种而异，希腊仙客来和普通仙客来的蒴果较大；地中海仙客来和非洲仙客来蒴果一般；其他种较小。蒴果的发育需几周或几个月。首先花冠脱落，然后花梗卷曲，有时可呈螺旋状，卷曲从花梗头开始。普通仙客来产生果实后花茎不卷曲，而是变硬弯向地面。一般认为蒴果弯向地面或花梗卷曲是植物保护和扩散种子的一种方法。花梗弯曲后使蒴果隐藏于叶面下，不易为鸟兽发现；而花梗变硬弯向地面，又可使种子被安置在距球茎一定距离的地方。散布种子的另一种方法是当卷曲的花梗在蒴果成熟前迅速放松，让蒴果轻松地生长裂开。

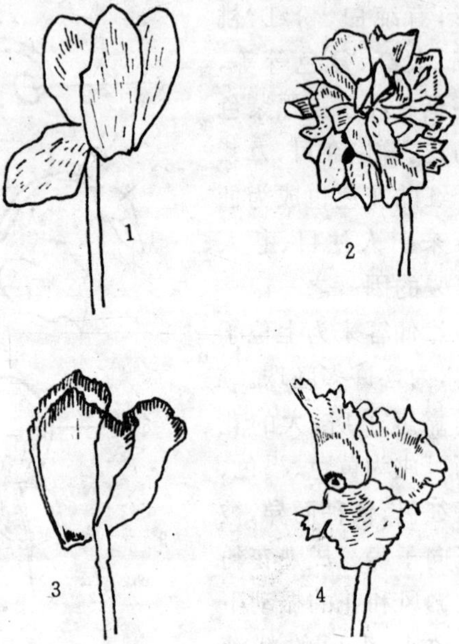

图2 仙客来花瓣

1.单瓣 2.重瓣 3.蝶形 4.波状

蒴果内含30～40粒种子，有的种子可达百粒以上。种子为不定形，成熟后种皮呈红褐色，果皮开裂，种子脱落，褐色种子落向地面。在自然环境中，蚁类和其他昆虫、鸟类等对种子的传播也有一定的作用。如果蒴果成熟时覆盖在潮湿的叶下，夏季腐烂散开，种子的发芽会更好。

仙客来没有蜜腺，大多数种只有极微弱的香味，发自于花冠内的特殊细胞，花冠衰退则香味消失。野生的普通种仙客来和新选出的栽培品种中有一些有较强的香味，欧洲仙客来中带香味的花也已选出。香花可用来作餐桌上的花束。因此，育种工作者的追求之一就是激发仙客来花中的香气细胞，培育出浓香的仙客来品种。

有时仙客来也可产生一些美丽的畸形花，如形成重瓣，而这些花往往发育不全，不能繁殖。畸形花使花瓣形状改变，1朵花会露出10个花瓣，但缺乏成熟的花药，是自花不孕的。

（二）叶

仙客来的叶观赏价值较高，着生于基部，直接出自球茎。在一些种和类型中，叶几乎是直立的，而另一些种则成匍匐状叶柄。叶的这两种姿态在很大程度上也归于种内的变种，原因有自然造成的和人工选择的。

叶形有心脏形、肾形、短剑形、常春藤叶形等。叶缘有的全缘，有的边有细齿。叶面有银叶、浓银叶或全无银色。绿色表面有的阴暗，有的明亮，有灰绿和白蜡绿色等等。小花仙客来的一些种类叶子是暗的或闷光的绿色，而大多数种的叶子绿色和灰色都具有复杂的银白色。叶上的斑纹主要为暗的或亮的背景上有戟形或矛形图案，有时叶上的斑纹也可颠倒过来。例如，地中海仙客来可有深绿的边，淡果绿色心；也可以有果绿色边，深绿色心。欧洲仙客来的银白色网状图案非常清晰，黎巴嫩仙客来边缘上有独特的镶边，希腊仙客来叶上图案特别醒目，可以作为观叶植物。

仙客来叶片大小不一：帕尔夫洛仙客来和西西里仙客来中的一个变种叶最小；小花仙客来其次；最大的叶是罗尔夫斯仙客来、非洲仙客来和普通仙客来的栽培种。当然叶的大小依照发育和成熟的不同阶段以及季节、天气、肥料状况等会有差异。叶的质地也不同：非洲仙客来的一些类型叶子厚、坚韧、有角质状边缘；波叶仙客来叶薄，暴露在阳光下会很快卷曲；希腊仙客来比普通仙客来叶片柔软。叶片可在开花前生长，或同花一起显现，也可在花后才长叶。

（三）茎

仙客来具有圆形或扁圆形的球茎，这是茎为了渡过休眠期而形成肥大的贮藏器官。球茎表面有较厚的软木周皮，球茎内部同土豆一样含有较多的淀粉。球茎的顶端抽生叶芽和花芽，形成叶群同时开花。

球茎的大小和形状变异很大：帕尔夫洛和西西里仙客来的变种球茎最小；地中海仙客来的球茎最大；希腊仙客来球茎是大球状的。球茎不仅在大小和形状上有差异，而且在外层覆盖物和根系上也有不同。有人认为，仙客来属的球茎实际上是一个膨大的胚轴。

普通仙客来的球茎是圆球形的，随年龄的增加而变成扁平形；巴利阿里仙客来、小花仙客来、克里特仙客来、塞浦路斯仙客来、黎巴嫩仙客来等球茎为圆球形；非洲仙客来、西西里仙客来和地中海仙客来的球茎趋向扁平；希腊仙客来的球茎是近椭圆形的；欧洲仙客来基本是圆的，但在顶部延伸长出躯干或分枝；罗尔夫斯仙客来的球茎有缺块现象。

球茎的颜色也不一样：塞浦路斯仙客来是淡褐色；地中海仙客来是灰褐色；希腊仙客来是红褐色；而帕尔夫洛仙客来在种苗发育的第一个阶段，球茎有鲜明的珠绿色。

一些种的球茎外皮较厚，类似软木栓，如非洲仙客来、塞浦路斯仙客来、地中海仙客来和欧洲仙客来。普通仙客来较老株的球茎外表成为易剥落的片状，尤其是球茎顶部暴露在外生长时。希腊仙客来也有这种特性。小花仙客来、西西里仙客来和特洛霍普仙客来表皮特别薄，在搬运时轻轻一压即可损伤。一些幼龄球茎表面还覆有细毛。球茎常常被遮盖在盆中或地下,它们在非休眠阶段不易见到。

根系生长于球茎下半部,为肉质须根。根据种的不同,根系从球茎上长出的方式也不一样:可以在基部形成根群,也可以在侧面和顶部形成。希腊仙客来的根系长而粗壮,很易区分。非洲仙客来的根通常覆盖球茎的全部表面,而地中海仙客来根系则在上表面和侧面形成,剩下基部是光滑的。欧洲仙客来的根系也会布满球茎表面。

仙客来同其他许多植物一样,由顶芽延长生长产生副芽和叶片,只不过茎短缩使叶片呈丛生状态,看起来好像都出自球茎表面。如果将球茎顶部的芽放大拉长,可以观察到仙客来的生长开花状态(图3)。

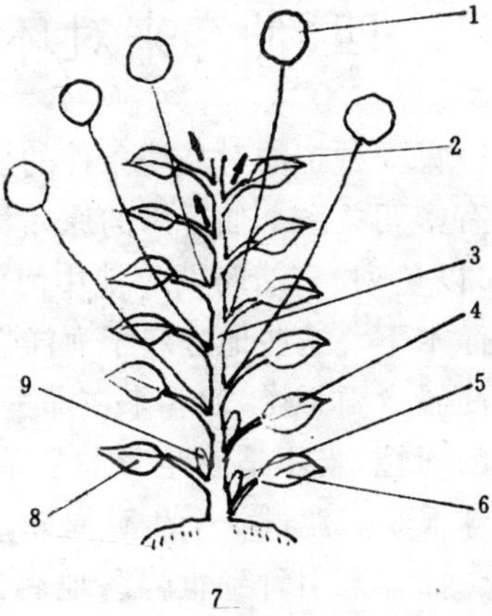

图3 仙客来芽的发育

1.花 2.花芽 3.茎 4.叶
5.第一副芽 6.第一叶 7.球根
8.第二叶 9.第二副芽

仙客来的种子在发芽后抽生出1~2枚叶,形成小球茎,这时主芽即形成,如果换盆创造适宜的环境将很快生长。在主芽的第一至第五叶的基部产生副芽,随植株的不断发育,主芽逐渐短缩,主芽上部的芽可形成花芽,而在主芽下部叶片的基部形成的副芽不断分离出去,横向分开,副芽继续发芽可形成花芽开花。副芽数量的多少,同开花数有直接关系。

仙客来的球茎是很多株仙客来的集合体,也就是说一株株的仙客来均产生于球茎上，因其短缩丛生生长，所以看不到直立的茎。在休眠的仙客来球茎顶部可以看到很多突起物，这就是芽的痕迹。副芽同主芽分离后产生独立的第一、第二副芽，进入生育期形成叶和花，到休眠期后叶片脱落就形成叶痕。而这些芽都具有独立生活能力，这就为无性繁殖、切割球茎产生新的独立植株提供了可能。

四、仙客来对环境条件的要求

每一种植物对环境条件的要求都同原生长地区的气候类型有密切关系。仙客来的原始种分布于北非、希腊各岛、土耳其、以色列、塞浦路斯等地中海沿岸国家，自生于石灰岩地带的灌木下。这些地方属于海洋性气候，冬季温暖多雨多湿，夏季高温少雨干燥，仙客来在那里形成了秋天开始长叶，早春开花的习性，当不适宜生育的夏季高温来临时，落叶进入休眠，呈球根状态渡过一个生育周期。

仙客来引种到世界各地后，如果遇到同原生地类似的气候类型，即全部继承了夏季高温期休眠的特性而成为秋植型球根花卉。在栽培中，为了使仙客来能在元旦、春节开花，往往将仙客来种子于秋末冬初播种，使其在夏天继续生长发育。这样，仙客来于夏季高温时停止生育、叶枯死而进入休眠的特性便被打破。仙客来的这种休眠。实际上是由于环境条件不适宜生长而形成的强迫性休眠，在休眠期间植株体内仍进行着缓慢的细胞分裂和花芽分化，如果此时给它创造适宜的生长条件，便可恢复生长。所以，在夏季创造凉爽的环境，继续浇水，仙客来仍可具有长出新叶继续生育的性质。显然其在原生地由于夏季高温、降雨量少而进入休眠的特性，可以通过改变环境条件来打破。

我国疆土辽阔，从南到北各地气候类型不一，在同一时间既有温暖的春季，也有炎热的夏天。如果创造有利于仙客来生长发育的环境条件，或利用各地优势来满足它的需求，那么仙客来在各地都可正常生长开花。

（一）温　度

温度对于仙客来生长的影响最大，在一定程度上决定着休眠、生长与开花的阶段性。为了比较仙客来原生地与我国气候的差异，表1列出了原生地希腊雅典、德国埃森及我国的北京、上海、昆明的平均气温。从表中可以看出，仙客来的原生地冬季的气温比较高，平均气温可达10℃左右，这同我国昆明的冬季气温相仿。而北京、上海的冬季温度都比较低，仙客来需要在温室或室内保温条件下生长发育。而夏季的温度，北京、上海都比较高，不利于仙客来的继续生长，因此，越夏成为最大的问题。在欧洲中部，如德国的埃森以及荷兰，夏季的气温为10～20℃，湿度75%左右，仙客来可以继续生长。8月份播种，到翌年8～9月份几乎都能生长。如果连续播种，自然可以进行周年栽培，分期上市，月月开花，所以那里就成了仙客来的栽培中心。我国昆明也是闻名的春城，夏季和冬季的温度比较接近于仙客来适宜生长的温度条件。

表1　原生地及我国三城市温度比较　　（单位：℃）

城市名	月份											
	1	2	3	4	5	6	7	8	9	10	11	12
雅典	9.4	10.1	11.6	15.1	20.1	24.6	27.1	27.1	23.3	18.3	14.5	11.2
埃森	1.7	2.4	5.0	8.5	12.8	15.8	17.1	16.9	14.4	10.4	5.7	3.0
北京	-4.5	-2.5	4.8	12.8	17.6	23.6	25.8	23.6	19.2	10.2	4.4	-3.2
上海	4.2	4.7	8.6	14.5	20.0	23.6	27.8	27.8	23.4	18.6	12.2	7.0
昆明	9.5	10.8	13.9	17.5	19.7	20.9	20.9	20.9	19.5	16.4	12.8	10.0

仙客来生长的适宜温度白天为20℃左右，夜间需保持在10℃。幼苗期温度稍低一些，叶子长到10枚左右时为18℃，这样对于根系的发育和碳水化合物的积累有好处，有利于下一阶段的生长。进入成苗期达30枚叶时，温度可提高到20～22℃，从花梗伸长期到开花保持在16～17℃比较好。

仙客来的花芽分化在原产地自然条件下是在休眠期进行的，但是只要温度条件合适，任何时候都可以开始分化。如果在秋天播种，到开花时约需14个月；而春天播种到开花约需10个月。从播种到开花之所以时间不同，是因为育苗期和花芽分化期所遇到的温度不同。秋播时育苗期气温低，花芽分化期和花芽发育期则遇到的温度较高，所以天数增加。春播型正相反，育苗期天数缩短，到花芽分化和花梗伸长时温度稍低有利于提前开花。另外，仙客来叶片的呼吸强度随着温度的升高而加强，20℃时达到最大值，尔后随温度的增加呼吸强度开始下降。呼吸强度的下降必然会影响仙客来的新陈代谢，进而影响其生长发育，长时间的高温可导致半休眠与休眠现象的发生。因此，花芽分化期和花芽发育期的高温对开花很不利，故以温度不超过20℃为好。

仙客来对低温的忍受力也是有限的。大花仙客来夜间如果保持在10～12℃，可正常开花达200朵左右。如果夜温在7～8℃时，开花就要推迟，整个花期只能开100朵左右；夜温5～6℃时，一般难以开花。中小型仙客来耐受低温的能力稍强一些，在夜温5～6℃时还可以开花。但不管哪种仙客来，夜间温度以保持在10℃为好。

夜间温度也不宜过高，否则会使呼吸消耗增加。夜温在15℃以上易使植株软弱徒长，花和叶倒伏，花蕾停止发育，进入休眠状态。有试验表明，夜温20～25℃时仙客来即停止发育。这种现象在住楼房的家庭养花中时有发生,尤其在花芽分化和花芽发育期,这种高夜温很不利于开花。

昼夜温差以10℃为最理想;温差达15℃时,虽可生育,但开花不良;温差达20℃以上时,植株不能正常生长。

(二)湿　度

在仙客来的原生地,夏季休眠期的降雨量较少,空气湿度也低,7月份的湿度为45%左右。我国北方夏季也是气温高而降雨量少,比较干燥。而南方7月正处雨季,降雨量较多,空气湿度高,再加上持续高温会造成球茎腐烂。现在许多家庭栽培仙客来所遇到的问题往往就是越夏困难。夏季如果要让仙客来正常生长,就必须保证凉爽的条件,在适宜的生长温度前提下加强浇水才能正常生长。如果温度过高而进入强制性休眠,就不能使球茎处于高湿状态中。温室更要注意避免高温多湿的环境,夏季注意通风。同时要对花盆、盆土经常进行消毒,清除一切枯叶,球茎的伤口要用消毒液消毒,以免在多湿季节染病。浇水要待盆土干时再浇,不要使球茎常处于水浸状态。

(三)光　照

光照是指光照的强弱和光照时间的长短两个概念。

仙客来原生于地中海沿岸山区的灌木丛中或森林中的腐叶土上,虽是喜光植物却不需太强的光照,也就是说不能在夏季直射阳光下曝晒。在海拔760米地区做冬夏季光照强度的试验证明,仙客来夏季用2～3层白纱遮荫或用1层黑纱遮荫其生长发育最好,能保证使叶温低于气温,球茎增大良好。如叶温过高,会加大呼吸消耗,不利于生长。过强的光照一方面可以破坏叶绿素和原生质,另一方面又加强叶片的蒸腾作用,使叶片气孔关闭，从而削弱了光合作用。过强的光照还会引起叶灼现象，在单层白纱遮荫下的仙客来仍有叶灼发生；双层黑纱遮荫又会使生育和开花明显推迟。冬季以无遮荫的生长最好。仙客来冬季栽培要求有良好的光照，否则植株软弱分散，叶柄增长，倒伏，徒长，不仅花色差，甚至连开花也很困难，使盆花失去观赏价值。一般夏季的遮光率以40%左右为好，当然这个遮光率是指在海拔760米地区而言。如果海拔高度不同，光照强度自然也有差异，可根据当地具体情况决定是否遮荫。

仙客来的成花对光周期没有特殊要求，属于中日照性植物，既不像鸢尾需要长日照，也不像菊花需要短日照。但是，光照时间却对仙客来的生长及球茎形成有很大作用。经过自然日照长度和增加整夜电灯照明的比较研究，发现整夜增加照明的效果更好一些。特别是在播种后长到5～6枚叶时进行整夜照明效果更好，可以延长光合作用的时间，积累更多的碳水化合物，使之生长加快。如果在花前60～70天、花梗长2～3厘米时进行整夜照明，可以提前12天左右开花。所以，在不引起叶灼的情况下，尽可能地给予仙客来生长发育和开花以充分的、长时间的光照是非常必要的。

通常仙客来的生产都是栽培在玻璃温室中，近来发现塑料温室中培养的仙客来生长健壮，开花很好，这是由于塑料薄膜比玻璃的透光率更高，而且透过紫外线的能力更强，因此对花的着色大有好处，花朵色泽更鲜艳，同时作为切花栽培的仙客来花梗更长。虽然在夏季强光直射时仙客来需一定的遮荫，但在大多数季节，要求尽可能满足其对光照的要求。为了提高产量，降低成本，在大风比较少，最低温度不太低的地方可以尽量选用塑料温室。

家庭养花中，放于窗台上的花，光照强度足其以满足生长需要，但放在室内其他部位就要看光强弱如何了。如果有较大的窗户，也可使室内其他部分光强达60%以上。另外，用灯光可以使仙客来得到必要的补充光照。如果发现仙客来叶出现徒长，株形散乱，就应移到光照良好的位置。

五、仙客来的繁殖技术

（一）无性繁殖

无性繁殖是以营养体的方式繁殖后代，可以保持本品种的特性，得到较纯的品系和品种，较少发生变异。仙客来的无性繁殖主要以块茎切割和组织培养的方法进行。

块茎繁殖可以将较大的仙客来球茎纵切，每块上带有健壮的芽，切断面消毒晾干，然后进行扦插。扦插后浇水不宜太多，待长出新根发芽后即可正常管理，使之形成新的植株。切块方法见图4。繁殖时间一般在八九月份。

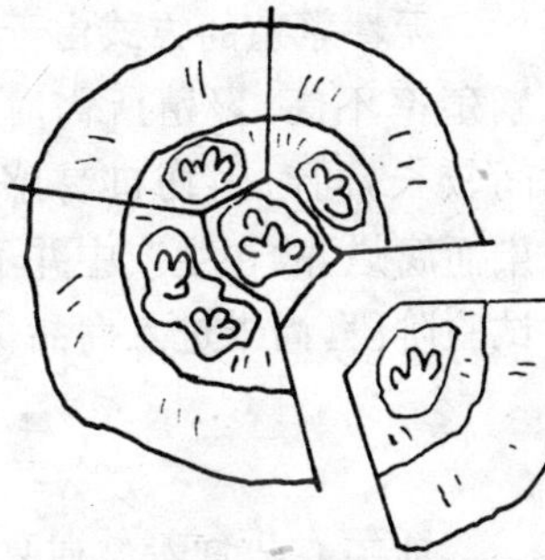

图4　仙客来切割繁殖（纵切）

另一种方法是在终花后1～2个月将球茎上部1/3切去。在横切面上再切成1平方厘米的小块（图5），将小块置于20℃，相对湿度为60%的环境中，经过100天左右，即在横断面上的维管束及切面周缘形成不定芽，长成新的植株。这种方法可以提高繁殖率。如果不具备比较稳定的恒温恒湿条件，也可将切块植株原盆不动置于 30℃高温环境下进行10～12 天的熟化处理。待伤口形成周皮再将盆移至20℃环境中，促使形成不定芽。一般在分割后 5 周左右形成不定芽，此时应加强肥水管理，待再生植株基本形成后，将植株从盆中取出进行分离、移栽，11～12 个月可以开花。

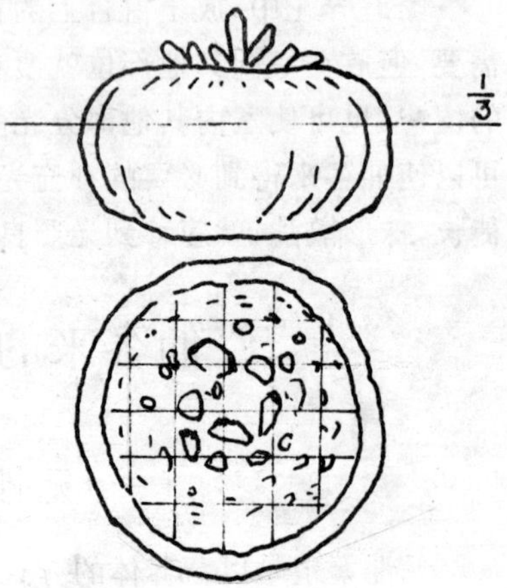

图 5　仙客来球茎切块繁殖

（先横切再纵切）

无性繁殖的方式由于繁殖率不高，繁殖所需时间较长，同时因伤口易感染而腐烂，故在生产中并不常用。组织培养法目前还处于研究试验阶段，尚未进入商品化生产。

（二）种子繁殖

种子繁殖具有简便易行，繁殖率高，育苗费用低，种子携带方便，植株生长健壮等优点，目前还是仙客来的主要繁殖方法。

1. 播种时期　根据大花、小花以及预计开花的日期而定。一般都预定在元旦和春节开花上市。大花仙客来九十月份播种，播后 13～15 个月开花。中小花仙客来一二月份播种，播后 10～12 个月开花。大花仙客来从发芽到开花比中小花仙客来所需天数多，所以要提前播种。但也不能太早，过早播种由于夏季的高温不利于生长，会造成植株强迫性休眠，或者使植株生长软弱。而播种过晚又由于温度太低使发育迟缓，在预定节日不能开花。

另外，如果栽培条件适宜，想得到不同大小的仙客来植株和确定不同的开花期，就应选择不同的播种期。比如，温度条件适宜，12 月播种可在翌年 9～12 月得到 21～27 厘米盆栽的大型仙客来；1～2 月播种则可得到 15～21 厘米的植株；如果在 11 月底播种，可在翌年 8 月以后陆续得到切花用仙客来。一般家庭养花中，如果条件不甚具备，可选择适应性强，较耐低温的小花仙客来播种栽培，成功率会更高一些。不过 1～2 月气温低，播后要加强保温，夜间最低要保持 10～12℃，如能保持在 15～20℃的最适温，到 3 月底就可顺利生长。

2. 种子的处理 仙客来的 1 个圆球型果实中一般有 30～40 个不定形的种子，种子大小 2～3 毫米。成熟度好，颗粒饱满，颜色红褐，是优良种子的标志。如果贮藏得好，种子寿命可达 2～3 年。但贮藏条件不稳定往往会使种子发芽率降低，所以最好当年采种当年播种。尤其是购入的种子很难掌握采种日期，不是特别需要不要将种子存放过久。

大粒种子和小粒种子从发芽率来看没有什么差别，但以后的生长却以大粒种子为好。因此，大批量栽培，为了得到生长一致的苗，最好能将种子按大小进行分选，分别播种。

仙客来因种子发芽时间不一致，而且发芽率也因品种不同有很大差别，所以播种要比计划用苗多用一些种子。播前为了使种子充分吸水提早萌动出芽，可用清水浸泡种子 24 小时进行催芽。水温可先用 30℃浸 3 小时，再放于室温状态下；也可以在室温状态下保持 24 小时。为了不使幼苗在播种发芽期间感染病害，在催芽后要进行种子消毒，杀灭种子所带的病菌。种子消毒可用多菌灵或用 0.1％硫酸铜溶液浸泡半小时，或用 1/5 000 高锰酸钾液等消毒。消毒后将种子捞出摊在报纸上晾干,即可进行播种。

3. 播种容器及用土

(1)**容器**　播种容器可以用高 7 厘米的塑料箱、浅木箱等。少量播种也可用素烧浅育种盆,这种盆透水性好,容易干燥。无论用什么容器,均要求下部有良好的透水性,不积水,可以自行在箱底打出直径 1 厘米左右的孔,以便透水。大批量育苗为了操作方便,统一管理和便于销售,往往都定做一定规格的播种箱。播种箱长×宽×高=42 厘米×26 厘米×7 厘米,一般以长不超过 50 厘米,宽不超过 30 厘米为好。家庭育苗可根据已有材料因地制宜解决,但自选容器不要太深,以利出苗后即可全部见光,不影响生长。同时,幼苗很快长出箱外,利于通风,减少病害和防止徒长,可使植株生长健壮。

(2)**盆土材料**　播种用土及盆栽用土的配方很多,材料各异。用不同的材料比例可以配成性能不同的栽培和播种基质。下面将常用的材料作一简介,供配制时选用。

①河砂:河砂的颗粒较大,疏松,透水性好,保水保肥力较差,利于提高地温,一般不含有机质和植物所需营养。河砂是花卉栽培及播种最常用的材料之一,尤其对球根类花卉的生长非常有利。国外专业花卉公司的培养土也常用河砂配制。

②园土:园土有砂壤土和粘壤土之分,其中粘土物质占 60%以上的为粘土。这种土对肥料的吸附面积大,因此保肥保水能力强,对花卉盆栽有利。但是土壤过粘则排水通气不良,必须同其他材料配合使用,以改变粘土的性质,一般常用的田园土大多较粘。

③腐叶土:腐叶土为落叶经过堆积发酵腐烂所形成,疏松多孔,保水力强,且有利于排水,对肥料的吸附性能好,同田

土、河砂配合使用是最理想的盆土材料。一般用阔叶树种的腐叶土比较理想，针叶树所形成的腐叶土因含较多的树脂，对花卉根系的发育有不良影响，最好不用。腐叶土可直接取于森林落叶下的堆积土，也可自行沤制。秋季收集落叶挖坑埋入，倒上人粪尿并喷水使之湿润，然后用土盖严，沤制1年即可使用。

④泥炭：泥炭是古代沼泽地多种植物经腐烂高压形成的，富含有机质，疏松肥沃，保水通气性好，培养土中可混入使用。由于泥炭的水溶液多呈酸性反应，故使用时要根据所需土壤的酸碱度加入，或用碱性土调制中和。

⑤牛马粪：牛马粪经干制或沤制以后既是盆栽的肥料，又是栽培基质之一。疏松透气，保温性能好，种子发芽后可很快吸收其中的营养。

⑥蛭石：蛭石是云母矿经1093℃高温处理后形成的轻质保温材料。结构多孔，通气性好，重量轻，化学性质稳定，不易腐烂，是播种和幼苗移植用的良好材料，也是目前无土栽培及供花卉出口栽培的首选栽培基质之一。可以单独使用，也可同河砂等其他材料配合使用。用蛭石作基质需经常施用水溶性液体肥料。

⑦炉渣：过筛的炉渣具有通气性能好、疏松等特点，是一种多孔基质，可变废为利，是一种良好的材料。

其他可以使用的材料还有珍珠岩、锯末、树皮、苔藓等。

(3)**土壤配制**　播种用土要求通水透气保温性能好，既能保水，又不积水，疏松绵软不板结；氢离子浓度316.3～1585nmol/L(pH5.8～6.5)，有利于种子发育。

常用的播种用土可参考以下几种配方配制：①砂：腐叶土：干牛粪＝4：4：2，适当加入一些稻壳灰；②腐叶土：干牛粪∶田土∶泥炭∶河砂=3∶3∶1∶1∶2;③腐叶土∶田土∶河砂=4∶4∶2;④腐叶土∶田土=5∶5;⑤砾石∶泥炭∶细砂=4∶4∶2;⑥园土∶腐叶土∶堆肥∶河砂=4∶3∶2∶1;⑦砾石∶炉渣=5∶5。各地可根据自己的情况选用。

4. 土壤消毒 土壤中往往含有许多有害的病菌、害虫以及杂草种子等,对仙客来的生长发育极为不利。尤其栽培基质在重复使用时这种危害性更大。如果不进行消毒,球根腐烂病、幼苗腐烂病等将对仙客来苗期生长带来极大危害。为了保证种子正常发芽及幼苗生长发育,在幼苗期不致引起病虫害,对播种用土要进行彻底的消毒。如果土壤不经消毒处理,仙客来生长 12 个月后,96%的小苗会感染根结线虫,其株高、叶数、球茎大小显著降低;而土壤经过消毒的仙客来生长良好。一般在 80℃以上经 30 分钟湿热处理可以杀灭土壤中的大多数杂草种子、多种植物及土壤害虫和多种植物病原菌。土壤消毒有化学药剂消毒和物理加热消毒两种,具体方法如下。

(1)**氯化苦熏蒸** 大量处理播种及栽培用土时,可将土壤积成长方形的堆,在土堆上打孔,孔的间隔 30 厘米左右,按每立方米基质 60～160 克氯化苦的药量注入,然后迅速用塑料薄膜严密覆盖两层,熏蒸 10 天左右,熏蒸时气温 15～30℃效果较好。然后取掉覆盖物,晾去药味即可使用。氯化苦的蒸气比空气重,容易沉降于地面,具有催泪刺激作用,操作时应注意防护。

(2)**蒸气消毒** 用密封罐装入土壤基质,以厚度不超过 8 厘米为好,通入高温蒸气,加热 30～40 分钟即可杀死多种病菌及虫卵。如果采用高压蒸气消毒,效果更好,并可节约时间。

(3)**干热消毒** 对少量用土也可用铁锅、铁板将所需消毒的土壤干炒。一般温度达 80℃以上、10～20 分钟即可。

(4)**福尔马林熏蒸**　用40%的福尔马林加水20～50倍，喷洒后堆积密封熏蒸1周。每立方米基质用药量100克。

(5)**高锰酸钾液喷洒**　土壤用1∶1500倍高锰酸钾液喷洒后，堆积处理48小时。

(6)**日光曝晒**　将用土堆积厚度不超过8厘米，以日光曝晒，有一定的消毒作用。

除上述办法外，还有热水消毒法、熏硫法、铜化合物及醋酸消毒法等等，可根据情况自行确定消毒方法。

5. 播种方法

(1)**播种箱装土**　将播种箱清洗消毒，箱底排水孔用塑料窗纱覆盖，以便于排水时防止害虫钻入，称为防虫网。最底层先铺一层碎瓦片或碎石子、粗砂、炉渣等透水性好的材料，厚1～2厘米，随后放入播种用土，厚4～5厘米，用木板刮平。

(2)**浇水打孔**　整平土面后浇透水，因在发芽过程中不宜浇水，所以此时浇水尤其重要，一定要使土壤全部湿润。浇水后土面距上沿约1.5厘米，用小木棒或钉子在播种面上扎出间隔为1.5～2厘米的浅孔印记，或用1个同播种箱内径大小相同的木制压孔器压出播种位置。

(3)**播种**　用手或镊子将经消毒晾干的种子逐粒播入。

(4)**覆土**　播后种子上覆盖5毫米左右的细砂或播种用土。覆土过薄种子易干燥缺水，过厚会使种子在土中停留时间过长，在出土过程中消耗过多能量，使以后的生长受影响。

(5)**喷水覆盖**　覆土后可用喷雾器雾状喷水使土壤湿透，箱上覆盖一层报纸或黑塑料薄膜等。覆盖时可用小木条将覆盖物同土隔开，放于阴暗处待其发芽。操作程序见图6。

如果大规模播种，工厂化生产，可自行设计标准化播种用具、以提高工效。方法见高效育苗技术部分。

6. **种子发芽**　仙客来种子发芽的适温为15～22℃，以不超过20℃为好。室温达到25℃以上时严重影响种子发芽。一般白天温度15～20℃，晚上不低于5～8℃即可。有人做过试验，温度在16～20℃时，到28天种子发芽率可达90%左右，而25～30℃时，28天仍没有萌发。当然，温度过低种子也不发

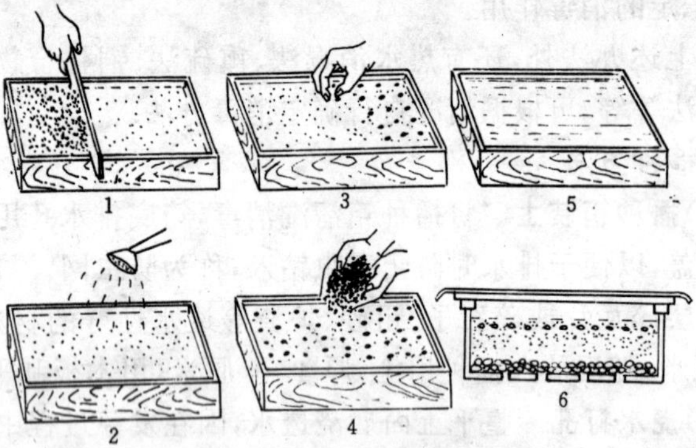

图6　播种程序

1. 装土　2. 浇水　3. 播种　4. 覆土
5. 播种完毕浇水覆盖　6. 播种箱剖面图

芽，长时间低于15℃，种子的萌发明显推迟。此外，种子只有始终保持15～20℃的条件到胚根露出，才能保证发芽率最高，如中途转移到高温条件下，将使未发芽的种子停止发芽。

仙客来的种子发芽需要黑暗的条件，只要有0.1%的光辐射也足以引起较大的抑制作用。因此，要进行遮光覆盖并将播种箱放到阴暗处。

仙客来种子发芽比较慢，一般草花3天到1周就开始发芽，而仙客来10天以后才陆续萌发，而且发芽不整齐。20天后幼茎开始膨大，25～30天子叶叶柄迅速生长露出地面，到40～50天时才能出全苗。因此，发芽期间的管理非常重要，温度不可过高过低，播后25～30天内最好不要浇水，以免影响

出芽。因为浇水可以改变土壤温度和土壤空气含量。土壤中空气含量对种子发芽也有很大关系，在一定程度上，发芽率随氧气浓度的降低而降低。氧气在5%以下时种子就极少萌发。控制土壤含水量最好通过增加室内湿度的办法，使播种箱内的土不致干燥，如果发现土表发干，可用喷雾器喷雾。种子发芽时带种皮从土中长出即是缺少水分的标志，这种情况使子叶不能展开，对生长不利，可先将种皮湿润后摘去。

在发芽期间不要施肥，全部苗出齐后再进入实生苗的管理。在所有种子长出子叶后，可除去覆盖物使幼苗逐步见光，一定要防止阳光直射，可用黑纱遮荫处理。幼苗期虽能耐受比较低的气温，但长时间低温会使幼叶变成紫红色并停止生长，过早进入休眠。土壤干时可用细孔喷壶给幼苗喷水，但幼苗期水分不宜过大，否则会引起病害。

7. 移栽　当幼苗真叶长到2枚时，可进行第一次移栽。9～10月播种的大花仙客来，翌年1月份真叶可长到2～4枚，1月播种的中小花仙客来到4月份可进行移栽。第一次移栽时有一部分小苗还只有1枚真叶，可重新统一栽于育苗箱内，待真叶长到3枚左右时再行移栽。

移栽的育苗箱可用深7厘米的小木箱、塑料箱等。此时还不宜上盆，因为盆栽不但增加了管理的难度，占用了更多的面积与劳力，提高了成本，而且使苗与苗之间所受的待遇产生较大的差异，出苗时不能达到生长整齐的标准。如为家庭少量养花，此时可以上盆管理。

移栽用土与播种用土基本相同，但要增加基肥。一般可在每千克土中加复合化肥3克，其中的氮：磷：钾＝1：1：1。家庭养花者也可在土中加入一定量的农家肥，如腐熟的牛马粪、骨粉、饼粕等，同时增加少许田土，以加强保肥保水性能。

移入育苗箱可按6～7厘米的间距植入，起苗时注意尽量不要损伤根系，可在移栽前几天浇透水，移苗时用叉勺或手指从下面挖出幼苗，不要从上面拔苗。挖出后立即栽植，埋土深度为球根的2/3～1/2，即最少有1/3的球根露出土面。栽时一定要栽正，使生长点同土面垂直，千万不可把生长点埋入土中，同一箱中的幼苗要生长势大体相同。移栽后要浇透水，3～4天内进行遮光缓苗，然后逐步见光，进入正常管理。浇水要在盆土表面干时再浇，浇则浇透，遵循见干见湿的浇水原则，使根系能有充足的水分与氧气供应，得到良好的发育。移栽方法见图7。

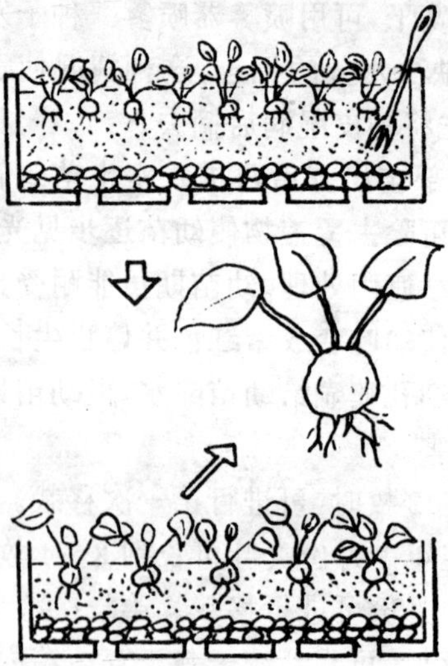

图7 移栽

1月份进行第一次移栽的大花仙客来经过近两个月的生长，到3月份已长到6枚左右真叶，在育苗箱内相互接触已感到拥挤，这时可进行第二次移栽，开始上盆。此时直接上盆可省去在育苗箱内的管理，但也要视幼苗生长情况而定，如生长缓慢，也可推迟上盆。上盆时也可对育苗箱内的幼苗间隔取苗，留下一部分较小的苗在箱内继续生长，以后陆续上盆。

第一次上盆可用塑料培养袋、小号塑料盆或素烧花盆，直径8厘米左右。所用的盆最好先经过消毒，可用福尔马林50倍液泡20分钟。栽培用土可选用以下几种配方：①砂：腐叶土∶干牛粪∶田土＝4∶4∶2∶1;②田土∶腐叶土∶干牛粪∶泥炭∶砂＝3∶3∶3∶0.8∶0.5;③砂∶泥炭∶干牛粪＝9∶7∶4;④碴石∶泥炭＝5∶5;⑤田土∶腐叶土∶腐熟农家肥∶砂＝3∶3∶2∶2;⑥碴石∶炉渣＝5∶5。

在大量使用泥炭时,因其酸性较强,可用碱性土调节。仙客来适宜于氢离子浓度 1000nmol/L(pH6)左右的微酸性土。

移栽时尽量不要将原土抖落,以免伤根。上盆前几天浇透水,挖出幼苗植入盆中,球根必须露出表土 1/3～1/2。生长发育不良的苗,可再集中于育苗箱中继续培养。上盆后充分浇水,进行 2～3 天的遮光,以后加强光照。上盆方法见图 8。

移栽两周后开始每月施 2 次液体肥料,其氮、磷、钾分别为 6.5%、6%、19%的 1000 倍液。也可施用腐熟的稀薄农家肥水,如豆饼水等。幼苗期要增加一些钾的供给,最好在土中加一些草木灰,这样可以使幼苗粗壮结实,根系发达,增强抗病能力。

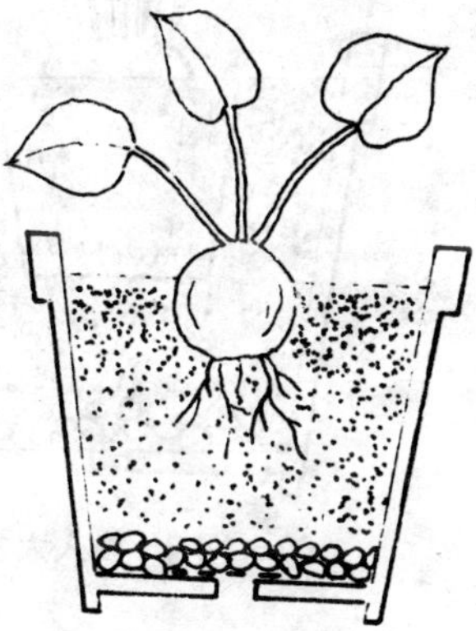

图 8　上盆

8. 实生苗的管理　实生苗上盆后逐步进入生长旺盛期,无论大中小花仙客来都要加强管理,不同季节采取不同的相应措施。

3 月份后气温还不稳定,温度变化比较剧烈,高温会造成幼苗徒长,而低温又可使生育停止,因此,要特别注意加强温度管理。晴天注意开窗通风,夜间要保持最低温度在 10℃以上。另外,温差大时,盆土的干湿差异也很大,特别强调表土干时要浇透水。

4月份开始，南方家庭养植的可逐步放于室外阳光不能直射的地方培育，但要注意防晚霜危害。大规模的生产仍应在温室培育。每月要施两次液肥。为防治病虫害，可喷1次多菌灵或波尔多液，也可用铁灭克或3%呋喃丹，每盆施2克，防治螨和蚜虫。

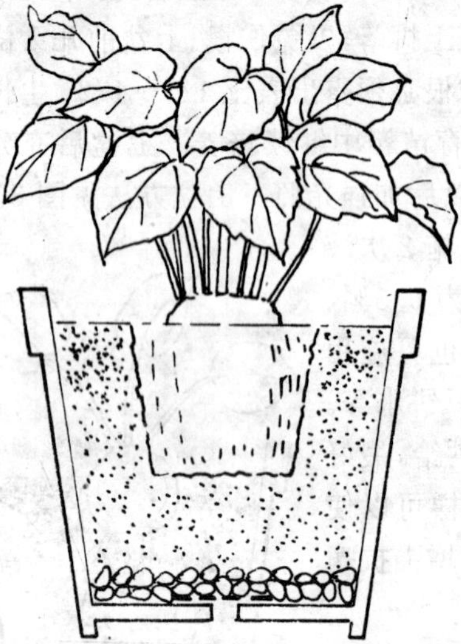

图9 换入大盆

5月份仙客来进入旺盛生长时期，大花仙客来叶数不断增加，盆小时应换盆。换盆时将苗连土磕出，不要将原土弄散，换入大1号盆中(图9)。是否换盆可根据植株的大小，叶数的多少，营养状况及肥料的缺乏与否来决定。5月份阳光开始逐渐强烈，尤其在下午2～3时，应用黑纱、竹帘等遮荫，但要注意遮荫不能超过50%，否则会造成光照不足。进入5月后仙客来副芽发生较多，一定要注意肥料的供应，这时形成副芽的多少将决定仙客来开花的多少。同时还要将枯叶及黄叶及时摘除，摘叶后要将伤口表面用多菌灵或链霉素等药液涂抹。

6月虽是仙客来的生长旺盛期，但有些地区已开始进入雨季，在高温多雨时更应加强管理。北方地区应注意降温和通风。为了使仙客来顺利生长，必须随着植株球茎的增大和叶及根系的增多不断换盆，以适应生长的需要。各种类型的仙客来实生苗本月都要进行第三次换盆。所用的盆要比原来的大1号，以便使植株的营养面积得以增加，使株型更为紧凑。

这次换盆用的土将有所不同，因为随着仙客来的发育，如果一直使用与播种用土一样的土壤肥料，将使植株生长软弱。在初上盆时用土的配制比例为砂：腐叶土：干牛粪＝4：4：2，这样的比例有利于根系的发育生长。而现在则需换成砂：腐叶土：干牛粪：园土＝9：70：4：2，还需加入氮、磷、钾分别为6％、40％、6％的复合肥料，用量为每千克土3克。磷肥的加入可使植株更加健壮，避免徒长，同时对球茎的发育充实及芽的分化有很大好处。

换盆时将有7～8枚叶的植株从盆中磕出，植入12～13厘米直径的盆中。注意不要将原土抖落，以免伤根，球茎露出表土1/3～1/2。栽后浇透水，遮光2～3天后即可进行正常管理。在南方进入高温多湿季节，要拉大盆与盆的间距，利于通风，预防病害发生。室外栽培要注意防雨淋，经常清除枯叶，摘叶后以棉球蘸多菌灵药液涂抹伤口处，防止感染病菌。

7、8月高温季节，是仙客来生育的不适期，不进行换盆等操作，而要努力创造有利于仙客来生长的环境条件。注意通风降温，午后是一天中气温最高的时候，更要有良好的通风。要避免阳光直射引起日灼。南方多雨地区要注意千万不能让植株淋雨。每月施两次液体肥料。如果植株因高温所迫已经进入强迫性休眠，则要停止施肥。要定时喷药防治病虫害。

9月份随着气温的逐渐降低，仙客来再次进入旺盛生长时期，叶数不断增加。此时要逐渐地向着开花预定株型进行整形。大中小花仙客来到9月都要进行定植，即最后一次换盆。这次要在原盆的基础上再换大1号的盆，以达到开花出售时所需盆的大小。为了增强观赏效果，一般大花仙客来多用直径15～18厘米的盆，中小花仙客来用12～14厘米的盆。定植用土可参照上盆用土。家庭养花可选用比较容易得到的河砂、黄土、腐叶土、腐熟牛马粪、炉渣等配制。配土时加入骨粉、饼粕等作基肥，也可加入氮、磷、钾分别为1%、2%、1.25%的迟效性复合化肥。

换盆时将仙客来从盆中磕出植入新盆中，尽量不抖落原土，从两边逐步加入新土。苗要扶正，不要使芽的部分盖上土，球茎露出土面1/2。换盆时间要避开高温，换盆后立即浇透水，在2～3天内遮荫，以后按一般管理。生长较差的仙客来，定植时间可推迟到10月以后。定植后的仙客来缓苗1周即可施1次1000倍的液肥，氮、磷、钾的含量分别为6.5%、6%、19%。同时要及时除去枯叶等。

10月份以后温度适宜于仙客来生长，叶数增加很快，有的植株已有花茎抽生开花。但这段时间花的伸长与叶的增加成反比例，开花使叶的充实受到影响，要及时调整花叶关系，把过早开的花去掉。在室外的仙客来要搬回室内培育。温室白天温度高时注意通风换气，夜晚温度过低时增加保温措施。强光时进行遮光，但同时又要使仙客来有充分的光照。特别是家庭养护中，要根据生长情况经常变换花盆方向，使株型生长匀称，花芽发育良好。如温室湿度太大，要换气降低湿度。

11月和12月逐渐进入花期，可参考成苗进行管理。

9. 授粉及采种 仙客来的繁殖需要大量种子，除了杂交1代以外，要根据自己的需要选择品种授粉采种，这就是保留纯系栽培品种的方法。这种方法是授粉时选择花色、花形、生长期、大小等性状同一的品种株间互相授粉。所产生的后代基本保持父母本的品种性状，仍是纯的栽培品种，成为自交系。

同株自花授粉虽然也能结实，但这样培育出来的后代容易退化，使花变小，花瓣变细，抗性减弱。因此，自交最好在同一品种的不同株间进行，即 A×B,B×A 的互相授粉方式。

另一种授粉采种方式是通过杂交产生 F_1 代杂种。即选择您所喜欢的花形、花色、株型、花期、叶形等性状的自交系，同时根据所期待得到的新品种进行有目的地相互授粉杂交。杂交可以得到意想不到的新品种，这类新品种也能长出健壮而整齐的植株，但大多数情况下，由于遗传分离与重组，在后代中出现杂合体。由于仙客来本身就是杂合体，所以要想知道它的后代到底得出什么样的结果，开什么样的花是比较困难的。现代的育种家们根据几十年来已经掌握的系统知识，通过计算机设计和预测，不断育出新的品种。由于 F_1 代杂种不能自交繁殖，这样就为商业上的品种专利提供了保护，并且通过育种还可解决优良性状的保持问题。

目前仙客来的育种目标主要有：第一，培育能缩短栽培周期的品种；第二，培育具有非常一致的生长习性的品种，便于统一管理，以形成商品性生产；第三，对环境条件具有广泛的适应性，例如增强仙客来的耐寒性、耐热性等；第四，培育多花而且叶片也优美的品种；第五，种子发芽率高的品种；第六，在室内能较长时间保持观赏价值的品种；第七，盆栽以后优良品率高；第八，适销对路的花色；第九，带香味的大花仙客来等。

授粉的品种一定要选择生长健壮，营养条件好，花期一致，具有各种优良性状的健康植株。要在 1 月份的盛花期进行授粉杂交，因为从授粉到种子成熟需 100～120 天，4 月中旬种子即可采收。如果授粉太晚，则 4 月以后因植株衰老不能使种子成熟，同时也使植株越夏受到影响。

仙客来的单花最长可开 30 天，但是适宜的授粉时间却在开花后的3天之内。授粉要在晴天的上午10时以后进行。

授粉的方法是，以一只手的拇指和食指抓住花朵轻轻地将花粉敲落在另一只手的拇指盖上或小培养皿内，然后将需授粉花的雌蕊在花粉上轻轻地蘸一下。接受授粉的花最好是开花第一天或第二天的，1朵花的花粉可以给许多花的雌蕊授粉。为了确保授粉成功，可以在第一次授粉的两天后再进行第二次授粉，或重复3次。授粉方法见图10。

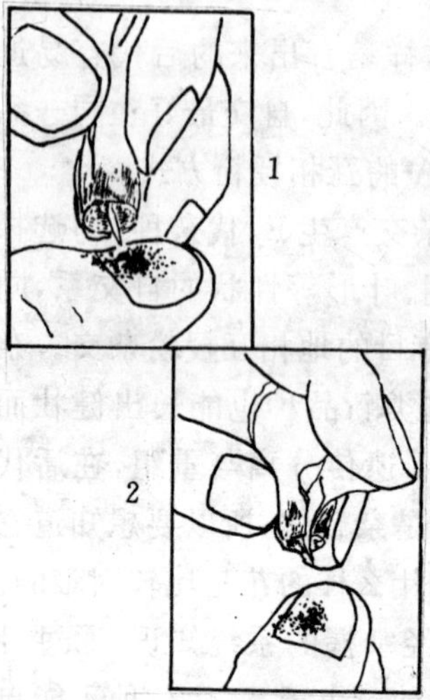

图10 仙客来的授粉

1.采粉 2.授粉

授粉后5～6天花瓣脱落，表示受精成功，此后子房开始膨大，花梗向下弯曲。如果在育种中花粉需要保存，可将花粉放入纸袋中，置于干燥器内，在4℃左右的冰箱中保存，花粉的有效期为1个月。为了确保种子发育所需的营养，除结实留种之外的花要一一摘去。一般在18厘米直径以上的植株可以负担20～30个果实，15厘米直径的植株可负担15～20个。

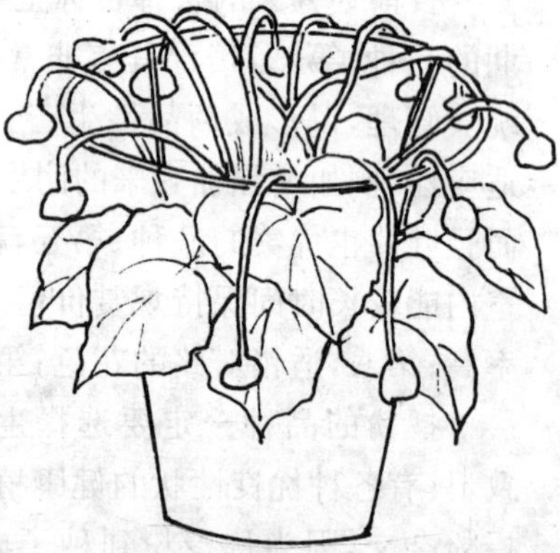

图11 仙客来果实的支撑

授粉后的盆花要加强管理，适时追肥以满足果实种子发育所需的营养。浇水时不要将水喷到叶上，必要时可设置铁圈支撑果实(图 11)。4 月份后果实逐渐成熟，在果实尚未开裂时采收，一般每个果实中含种子 30～40 粒。种子以清水洗净，待充分晾干后可用塑料袋封装贮藏于冰箱内，保持 5℃左右冷凉的温度。如果在室温中贮藏要保持通风、干燥、凉爽，不霉不湿。种子寿命可达 2～3 年。如采用真空密封袋包装则效果更好。

六、仙客来的四季管理

(一)冬季管理

1. 温度 冬季的一二月，无论是经过去年开花的成年植株，还是实生繁殖的幼年仙客来，以及家庭爱好者购买回来的仙客来，都已开花，同时还形成大量花蕾。实生苗到这个时候在叶群的中部形成很多白色的花蕾，若这些花蕾伸长，长出叶群之外，则预示着将很快开花。在这个时期，温度管理是很重要的。因为 1～2 月是一年中最寒冷的时期，特别是夜间温度更低。在一天当中，黎明前的温度降到最低点。这个时期要特别注意仙客来的保温。冬季的昼夜温差很大，尽可能使这种温差保持在适宜于仙客来生长的范围(10～15℃)之内。

仙客来理想的白天温度是 18～22℃，夜间为 10～12℃，如夜间保持在 7～8℃，也能继续开花，只是花期稍微推后。所以，一般家庭养仙客来，冬季夜间温度保持在 7～8℃以上就行。如夜间温度低于 5～6℃则不能正常开花。反之，如夜间温度过高，花期就会缩短。在家庭养花中，如果花是放在窗台上或走廊内，要注意观察温度。尤其是夜间，窗台靠玻璃一面的温度很低。如把窗帘拉上，把花隔在外面，那是十分错误的，等于把仙客来放到了最冷的地方。正确的方法应该是把仙客来放在窗帘之内，或把它取下放在室内(图 12)。

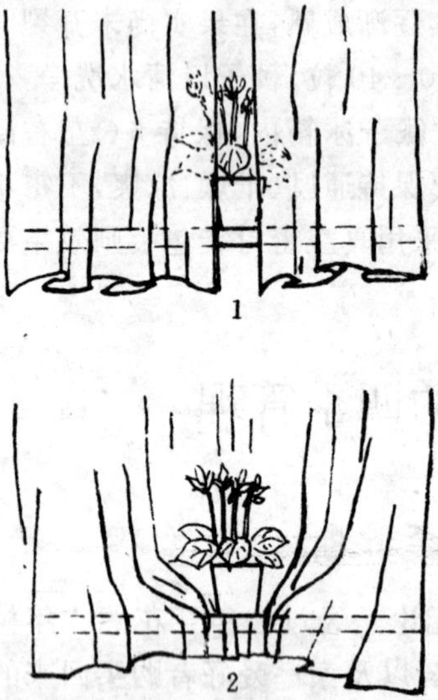

图 12　仙客来在窗台上的位置

1.窗帘外(错误)　2.窗帘内(正确)

家庭栽培的少量仙客来，还可以采用发泡聚苯乙烯等隔热材料如包装箱内的发泡塑料填充物等将花罩住(图 13)。这种方法不但可以保温，还可收到保湿的效果。也可用 3～4 层报纸在晚间将花盆包住，白天打开，这样也有很好的保温作用。还可用塑料薄膜覆盖等各种方法，可因地制宜实施。

图 13　覆盖保温

在温室的大规模生产中，除了增加取暖设备外，增加保温措施也是防止仙客来受冻，节约能源，使温度稳定所不可缺少的。例如，在我国北方的许多温室上面加 1 层蒲草帘、苇帘或稻草帘覆盖，对于夜间保温可以起到很好的作用，因为温室热量的损失有76%是在夜间。另外,在温室内部增加1层或两层塑料膜或不织布覆盖,既简便、有利于操作,又能起到良好的保温作用。据测定,加1层保温帘可节省热量23%,使室内温度提高2～5℃。如果加两层塑料保温帘,则可节省热量40%。当然,加上保温帘后,白天的光照将受到一些影响。但同低温所造成的不利因素比起来却是微不足道的。

进入3月份,在晴朗的天气,温室可以充分接受阳光,有时也会造成室温过高,要注意开关天窗调节温度。室温过高,仙客来易徒长,并易发生病虫害。在家庭栽培中,风和日丽的晴天可以放于窗外,增加通风透光,以培育良好的植株;但夜间还很寒冷,必须搬回室内。

2. 水分 当盆土表面干燥时就需要浇水,但一定要浇透,以见盆底流出水为宜。水分很快自盆底流出,这是土壤疏松、浇透水的标志。千万不可只给盆土表面喷一下,看到湿润就停止浇水。这样往往容易造成仙客来根部缺水,而表面

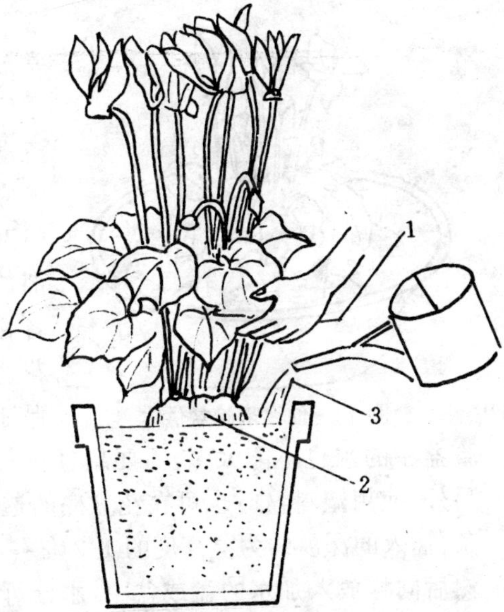

图14　仙客来的浇水

1. 将叶片托开　2. 球茎　3. 水不要浇到球茎上

又无法正确判断。浇水时不要浇到球茎上，球茎长期积水易招致软腐病的发生。正确的浇水方式应是用手将叶片托开，直接把水浇到盆土上(图 14)。仙客来进入大量开花期后，水分的供应是非常重要的。开花使水分大量蒸腾，盆土很快干燥，这时一定要及时浇水，花期严禁缺水。如此时缺水严重，仙客来就会进入休眠状态，使花蕾的发育中断，之后停止开花。仙客来缺水后花茎很快失水倒伏，叶片脱水萎蔫，部分叶片甚至枯黄。如这时及时恢复供水，植株在数小时之内可以恢复原状，但往往会出现花梗弯曲，影响观赏效果。如失水严重，就会造成不可逆转的萎蔫死亡。

图 15　仙客来脸盆供水

在家庭养花中，花盆常放在窗台上，而北方冬季室内有暖气，空气干燥流动，仙客来很容易缺水，尤应引起注意。如果您出门两三天，可在花盆的底部放 1 个加水的盘子，或者在脸盆中放半盆水，把花盆放到里面。这样可以保证几天的需水量，当然，脸盆中的水也不能太多，不要超过花盆高度的一半(图 15)。另外，使用塑料盆时也可在花盆底的透水孔处放入 1 个棉纱条，插入的深度约为盆高度的 1/3 左右，外面留出 5～6 厘米，然后同样放入加水的盘或盆中，水分可以通过毛细作用进入花盆供仙客来根系吸收。

浇水的水质一定要合适，不使用过硬的水，水中的可溶性盐类及矿质成分不能太高。水中盐类浓度大于根系的细胞液浓度会导致反渗透作用，使根部脱水，植株死亡。过硬的水中钙镁离子过多，长期使用可使土壤的碱性增高，同时会在叶片表面留下白色的残留物。因此，要根据所用水质情况经常检查土壤的酸碱度，使土壤保持在适合仙客来生长的微酸性状态。

浇水时应注意水的温度，要尽可能同室温接近。如果土温高而水温过低，会使根系代谢失调，失去吸水能力，植株会出现生理性干旱，使地上部缺水萎蔫。城市自来水中的含氯量很少，一般不会对仙客来构成多大危害，但也应稍放一段时间，一方面使水中氯气挥发一些，而更重要的是使水温同室温接近。

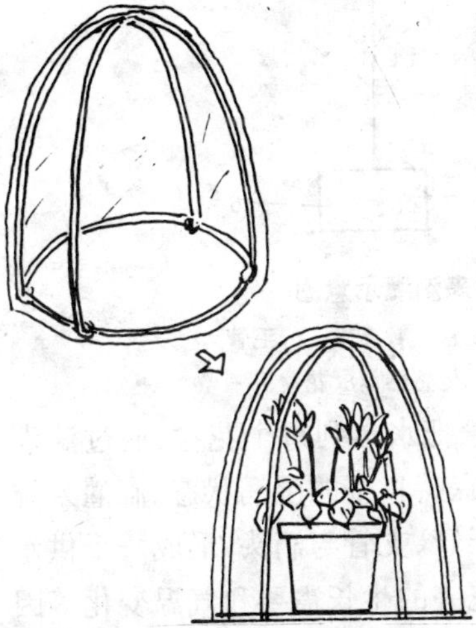

图 16　仙客来的保湿

空气湿度对于仙客来也是很重要的一个方面。在原产地花期气候温暖湿润，如栽培时空气湿度不够，往往会造成叶群中部的花蕾干枯变黑，使整个花期明显缩短。如叶片也出现逐渐变黄、相继干枯的症状，失去应有的观赏价值，其主要原因也是空气湿度不足。冬季降雨量少，空气比较干燥。尤其北方室内采暖，使空气湿度明显降低，必然会使植株体内水分蒸发量加大。这在温室管理中也常可见到，因此必须保持和增加空气湿度。温室的加湿比较容易，可以向地面喷水通过蒸发来增加空气湿度。家庭养花可用铁丝做 1 个架子，然后用塑料薄膜罩上，制成 1 个塑料保湿罩。夜晚罩于仙客来上，白天取开，既可保湿，又可保温（图 16）。另外，在白天暖和的时候，向叶面喷雾，对减少叶片蒸发也有一定的效果。但是水温要求在 15～20℃，大致同室温相近。

现代化的温室管理中，为了节约用水和提高工作效率，可采用滴灌和底面浇水（下浇水）技术为仙客来自动供水。

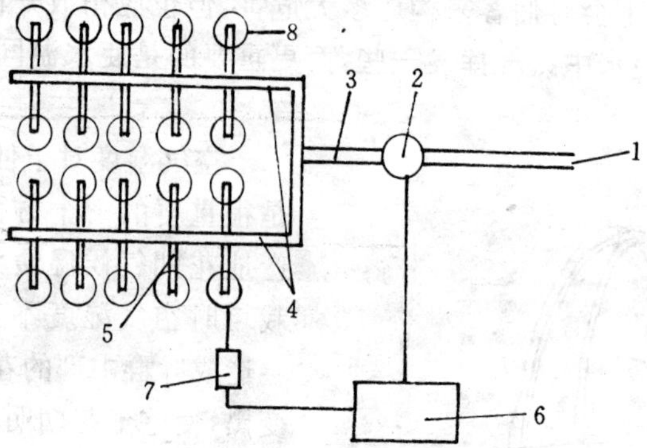

图 17　仙客来滴灌示意图

1. 水源　2. 水阀　3. 主管　4. 支管　5. 毛管
6. 控制系统　7. 传感器　8. 花盆

滴灌方法是通过低压水管把水送到每个花盆，通过滴灌头将水慢慢滴入土中，使盆土保持良好的湿润状态。滴灌系统主要有中央控制系统、水池、干管、支管与滴头，形成一个供水网络。中央控制系统是根据花卉的生长需要和气温变化等因素，定时定量控制供水量的，可由微机执行。湿度传感器将盆土水分数据传回控制器，微机根据仙客来生长发育所需水分要求，经过运算向给水阀发出指令，将水通过干、支管道滴灌于盆中，达到灌溉的目的（图 17）。另一种供水方式为底面供水技术(下部给水方式)。这种方式的供水装置比较简单,管理费用低廉,省工省力。其原理就是利用毛细现象将水从盆底吸入土中供根系吸收。方法之一是将一般的素烧花盆置于砂底的水床中,水在砂面上流动保持砂子的湿润,素烧盆的壁面通过毛细管作用将水吸至盆内,这种方法简便易行,投资较少(图 18)。方法之二是将 15 厘米左右长的吸水纱条插入塑料花盆或素烧盆的底部透水孔内,里外各留一半长度,然后将带

图 18　底浇水技术

1. 给水口　2. 排水口

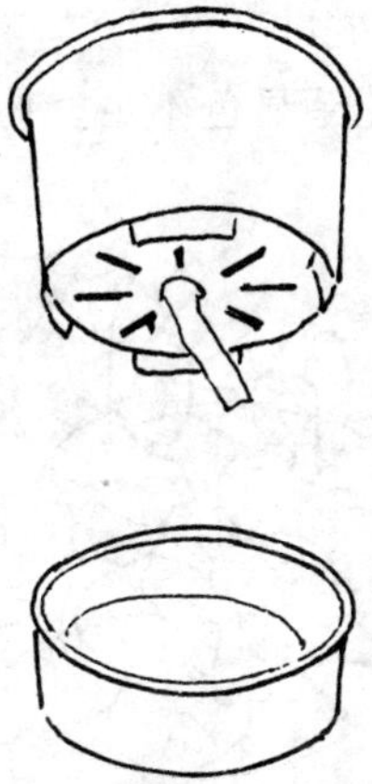

图 19　底部给水花盆

有纱条的花盆放于水槽上。定时向槽中灌水和退水,浸入水槽中的吸水纱条会将水吸入花盆之中,源源不断地供给植株根系。这种底面吸水技术不仅可以节约用水,省工省时,同时还使根部有充足的氧气,可防止因根部缺氧而造成球根腐烂。这种底面供水技术,尤其适合大批量生产及对外出口的生产单位,它还能很好地保持花盆清洁。现在国内外有许多人研究利用这种供水方式。

家庭养花也可以采用这种方式，将花盆做成上下两层，上层盆种仙客来并插入纱条露出底孔外 1/2 左右；下层盆放入清水或营养液，水面一般为下层花盆的 1/2 或 2/3。这样就可以不断地向根系供应水分和营养，一般可维持几天不缺水。花盆结构可参见图 19。

3.光照　在冬季，仙客来生长开花很快，叶群大量出现，这样就容易造成叶片相互重叠，影响光照，特别是直接影响到新叶和花蕾的生长发育。仙客来是喜光植物，没有充分的光照会造成叶片黄化，花蕾不能正常开花，即使开花也是花梗软弱，花朵显色不足。仙客来适宜的光照强度为 2 万勒克斯左右，幼苗期需光稍弱一些，成苗及花期需光稍强一些。冬季一定要满足仙客来对光照的需要。具体做法是，将叶群中心的叶片向外围拉开，以使内部见光，促进花蕾生长发育，使开花一致。操作的时期可从开花前约两个月开始，也可根据花蕾的生长情况随时进行，一般当花蕾长到 2～3 厘米时效果最好。方法参见图 20、图 21。

图 20　将中心叶片拉开

箭头示将叶拉开的方向

在整叶的同时要将过早开的花或已开过的花摘除，以减少养分的消耗。温室玻璃或塑料膜污损，会使透光率下降，要经常用水冲洗，保持良好的透光性。还应根据仙客来的生长情况及时将盆距拉开，防止叶片重叠。经常转动花盆方向，使植株各方向生长一致，姿态均匀整齐。尤其成品仙客来不宜摆放过密，以免影响质量。

家庭种植的仙客来应放置在光照充足的窗台上，使之充分接受阳光。由于受光面生长良好，背光面生长较差，同时叶片具有趋光性，会向窗户一面伸长，所以植株生长不整齐，应每隔 3～4 天变换 1 次盆位，调整光照方向，以使仙客来株型良好，叶片丰满均匀。

4. 施肥 仙客来从冬季到春天都在不断地开花和形成花蕾，养分消耗很大，肥料缺乏会使花数、花的质量、叶数都受到影响。

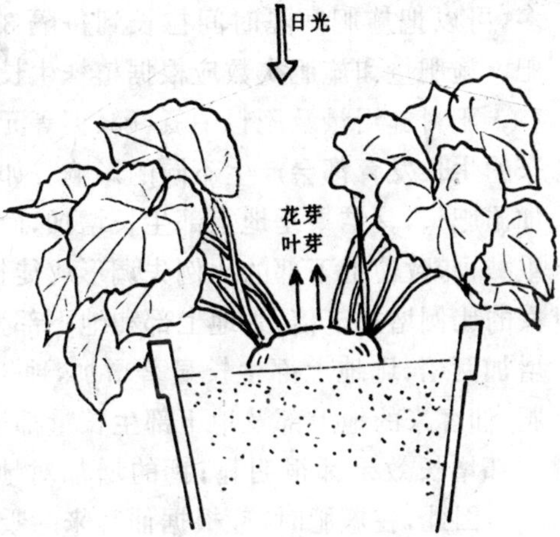

图 21 加强内部光照

一般来说，新买回的花在 1 个月内可以不施肥，过 1 个月后则必须施肥。经过越夏的成年仙客来，到开花时如果只有花而叶片稀少或无叶，说明肥料严重不足，应立即喷施液肥。仙客来的花、叶之比一般为 1∶1，通常 1 枚叶片光合作用所产生的碳水化合物可以负担 1 朵花的消耗。而叶片的生长必须有充足的氮、磷、钾及微量元素作保证，所以要正确施肥。大花仙客来和中小花仙客来(小花仙客来即微型仙客来系)的施肥方法有所不同。大花仙客来一般每两个月要增施 1 次颗粒状复合化肥或发酵过的农家肥。施肥量：大盆(18 厘米以上)施大粒复合肥 8～12 粒，5 克左右，氮、磷、钾各占

10%。如果施用发酵后的农家肥(饼粕、骨粉等)，每盆施3小勺左右，可分3处施入，不要接近球茎，以免引起烧伤。现在为了保持室内盆花的干净卫生，往往以化肥代替农家肥。在施用固体缓效肥的同时，还应每两周施1次液肥。中小花仙客来每隔两周施1次1000倍液的复合肥，氮、磷、钾含量分别为6.5%、6%、19%。如果叶片伸长生长过快，说明肥料施入过多，可以把施肥间隔时间拉长到每隔3周施1次2000倍液肥。施肥量和施肥次数应根据植株生长情况而定。

肥料施用量及肥料中氮、磷、钾等元素的配合比例对仙客来的生长发育都会产生不同的影响。如果施肥比例不变仅增加施肥量，其结果是地上部生长增加，而地下部(包括球茎)增重减少，致使上下部的比例失调形成徒长；如果单纯使肥料中氮的比例增加1倍，则地上部和地下部生长同时增加；用氮量增加两倍，则地上部生长显著增加，地下部明显减少；增施磷肥，仙客来的地上部及地下部生长量都增加；增施钾肥，地上、下部增长效果都很明显；钙的增加对地上、下部产生不利影响。因此，在施肥时，应根据仙客来的吸肥特性及生长发育的不同阶段，来确定各元素之间的比例。

5.**摘花** 仙客来进入花期以后，开花速度很快，为了延长开花期，提高仙客来的观赏价值和商品价值，推迟进入休眠，需要采取摘花的措施。因为，1朵花进入盛花期之后，由于自然授粉使子房膨大结实，而结实所消耗的营养很大，1朵花一般由1枚叶即可供给所需的碳水化合物，而1个果实却远远不是1片叶所能负担的。同时，植物有优先向结实部位供应营养的特性，所以在结实后往往使花蕾发育和开花受阻，植株很快进入休眠不再开花，同样也会使植株老化。因此，为了观赏的需要，应将盛花过后的花朵摘掉，不让其结实，使节省的营养供应花蕾的生长发育,从而延长花期。此外,由于自花授粉过后的单花结实所产生的激素使花朵衰老,也已失去观赏价值。

摘花的时间要提前,不要推后,因为仙客来自然授粉后第五至六天子房就开始膨大,消耗营养早已开始。一般的草花和花木类是在花谢以后摘花,而仙客来则要求在花还没有变枯,花瓣开始变色时就及时地摘去。

摘花时要用拇指和食指捏住花梗的中下部,左右捻动旋转,使花梗的基部软化松动脱离母体,在捻动的同时向上拔就可将整个花梗去掉。方法参见图 22。如不左右旋转捻动,由于单花所能维持的时间较长,基部没有形成离层,很不容易脱落,这时用力上拔就会将整个植株从盆中拔出,或是从花梗中部折断。

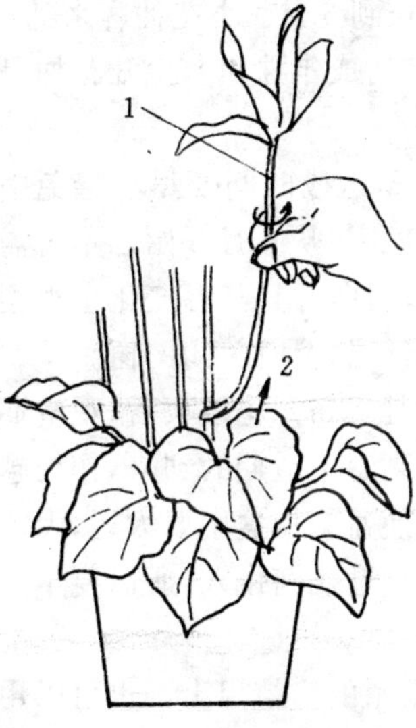

图 22 摘花方法

1.2 同时进行

球茎上残留的花梗极易为病菌侵入,发生病害,因此要将花梗全部摘除。为了防止病菌的侵入,摘花后也可涂上杀菌药液。此外,摘花要在浇水后进行,以避免摘花后立即浇水使伤口沾水。

6. 病虫防治 去除枯黄老叶及带病叶片是防止病害发生的经常性工作。摘叶方法和摘花方法相同,切忌生拉硬拽。为预防病虫害的发生,可以预喷

1次杀菌剂和杀虫剂。杀菌药剂可用多菌灵、托布津、波尔多液等；杀虫剂有灭扫利、甲基1605、敌敌畏等。

进入3月份后，随着气温的上升，灰霉病等发病增多，如发现病叶、病花要及时摘除。3月下旬可普遍喷1次代森锰锌或多菌灵等杀菌剂。如果发现已经发病，可在发病处每隔3天喷1次药，或变换药剂防治。

（二）春季管理

春季气候比较清爽，是适合仙客来生长的时期，到4月上中旬继续开花的植株，进入下旬后开花速度减慢，生长发育逐渐停止。如果管理得好，花期可延长到5月。小花仙客来到5月仍继续开花。一般进入4月下旬后成年株和实生开花株呈同样状态。

在温室和阳台上培育的仙客来，这段时间要尽量避免中午的阳光直射，并注意防止晚霜的危害。从4月开始已不再需要保温，但我国北方地区温度还比较低，并且气温变化也很剧烈，这时还需注意晚间和黎明前的低温，及时关闭门窗。

经过一个冬季的仙客来，在4月下旬开花结束后，观赏期也就结束了。以后面临的将是夏季高温不适期的到来，作为越夏的准备工作，可在4月中旬以后换盆。换盆不要太迟，因为气温升高后，换盆时所伤害的根系易遭病菌侵入，所以要早换盆早恢复。

换盆用土的配制可参见实生繁殖的定植用土。也可以用田土：砂：腐叶土＝3：3：4。同时在每千克土中加入3克迟效性复合肥，氮、磷、钾分别为6％、40％、6％。

将需换盆的仙客来整株取出，原封不动地换入比其本身稍大的花盆内。在盆底透水孔处可加1片塑料窗纱，以防害虫侵入，然后填土即可。移栽时球茎一定要露出土面1/3～1/2。栽后要浇透水，以后进行一般管理。这段时间内气温还不算太高，经过4～6周的培养，根系得以恢复，球茎积累营养，就可以顺利地度夏。如果是3月份已经换过盆的实生苗，这次就不再换盆。花盆可用素烧陶盆或塑料盆，用塑料盆一定要增加盆底的透水孔，以防盆内积水。

换盆栽植后，要避免强直射阳光灼伤叶片和使盆土温度过高。盆土温度过高，会使球茎提早休眠，还易感染病害。比较好的办法是在室外选择树下、荫棚下等处，将有10枚叶片以上的植株直接移栽到地下。在窗台下或花坛处也可以，但要遮光40%。也可将花盆直接埋入土中，这样可以起到降低根部温度的作用，使生态环境类似于原生地条件。该方法的越夏成功率很高，而且浇水方便、省力。在栽植场所可根据土质情况混入3～4份腐叶土，深20厘米左右，以增加土壤的疏松度和透水效果。如果盆栽，盆土高度要与地表相同，不要忘了球茎要露出土表1/3～1/2。移栽后要浇透水，并注意晴天时土壤的干旱情况。如有晚霜要加覆盖物防霜。

继续生长的仙客来，从换盆后到8月下旬为止，每月都要施1次1000倍液的液肥，氮、磷、钾之比为6.5%、6%、19%。一般停止生长进入休眠的仙客来，到夏季就不再施肥了。所以在春季的越夏准备期间，由于植株仍缓慢的生长和培育新叶以及球茎的充实都还需要施肥。

春末以后，虽然还不到仙客来生育的不适期，但冬季至春季开花的植株由于大量的营养消耗，到此时花期结束，叶片也逐渐脱落，最后只剩下球茎进入休眠状态。但是也可以通过创造适宜的环境继续培养，在生长中越夏。

（三）夏季管理

仙客来经过冬春开花之后，其球茎要经过夏季休眠，这是仙客来在原生地适应不良夏季环境而形成的一种反应。然后到秋天开始生长，冬春开花。球茎随着年龄的增加而增大，成为1株大的观赏个体，一般通过7～8年的培育，球茎直径可达20厘米，用直径30厘米的盆栽培，可培养成1盆花多叶盛的优质仙客来。当然，随着衰老的延续，超过10年以上的仙客来球茎，往往会突然枯死。

创造适合仙客来生长发育的环境条件，夏季仙客来也可以不休眠。但我国大多数地区夏季温度比较高，对仙客来的继续生长有抑制作用。越夏的方法有两种：

1. 继续栽培越夏株　选有10枚以上叶片的仙客来植株，继续浇水施肥，同时创造凉爽的环境，不让其休眠。平安越夏以后，在9月上旬换盆，可培养成良好的植株。

给仙客来创造良好环境的方法，因各地环境不同而有许多方法。大规模温室一般采用蒸发冷却的办法来降低温度。即在温室四周的三面墙上设置用白杨木丝、细刨花等其他类似材料做成的湿冷墙，用水浸湿后以抽气风扇使进入温室的空气都经过湿冷墙，以达到蒸发冷却的目的。湿冷墙同水池、水泵连成循环系统，源源不断地供水，保持湿度。当室外相对湿度小于50%时，这种方法最有效，蒸发冷却的效果为室外空气的干湿球间温差的80%。我国石家庄市河北第一机械厂生产的玻璃钢温室，以复合纸为蒸发湿帘，风窗自动启闭，可在炎热的夏天自动控制适宜的温度。天津园林科研所自行设计的塑料棚降温系统，以数层遮荫网为蒸发湿帘，通过风机降温，可使温度降低4～8℃。当天气出现38℃高温时，塑料棚没有超过 30℃。

此外，还可采用强制通风法、遮荫冷却法、喷雾冷却法等来降低温室温度。作为长期栽培仙客来的温室，应在温室南面种植高大直立的树木遮荫，也可改善温室环境条件。

继续生长的越夏仙客来到七八月份时，新叶还不断展开，也有形成花蕾或开花的植株。

2. 使植株休眠 同原生地生长情况一样，仙客来遇到不适合生长的夏季高温，自然要进入休眠。在开花期结束后，停止浇水使盆土干燥，叶片完全脱落，然后将枯叶去掉，放在室外阳光直射不到和雨淋不到的通风阴凉处，不使球茎腐烂，创造适宜于休眠的条件使之平安越夏。到 9 月上旬进行移栽，这是一种比较简易省事的越夏方法。

不管用哪种方法，在夏季高温多湿的情况下都要注意防止球茎腐烂，以保证安全越夏。仙客来能否成功越夏取决于七八月份的高温期。夏季进入雨期后如遇连阴雨天，要特别注意球茎不被雨淋，可用塑料布等遮雨。同时还要加强病虫害防治，可喷布波尔多液。

继续栽培生长的仙客来，盆土表面干燥时要浇水，并一定浇透。庭院内地上种植的仙客来也同样，地表干燥时要浇水。如果形成叶柄过度伸长生长，说明光照不足，浇水过多，这时应控制浇水，加强光照。

通常在温室或庭院栽植的仙客来越夏株，在夏季要用黑色遮荫网遮光 40%左右。庭院也可用竹帘等遮光，特别是午间光照过强时不遮荫会引起叶烧现象。阴天则要将遮荫帘拉开，使植株见光。

休眠的仙客来夏季不需任何作业管理，一般在 8 月份以后才开始换盆。

（四）秋季管理

一到秋天，仙客来进入适宜生长期，首先要进行换盆，不换盆将会影响以后的生长发育和开花。

1.越夏株的上盆　对于实生繁殖的仙客来幼苗，应该上盆定植；对于夏季继续生长的其他年龄植株，则是换比原盆大1号的盆定植。定植用土可参考实生繁殖的定植用土。在换盆前每千克土中混入3克迟效复合肥（氮、磷、钾比例分别为6％、40％、6％），也可加入有机底肥，如厩肥、饼粕、骨粉等发酵后的肥料。换盆栽植不可埋得太深，要使球茎露出土面1/3，不可埋住芽。放入新土后浇水，浇水时球茎不可沾水。为防病害的发生，可在浇水时向盆中灌入50％的多菌灵1000倍液或农抗120水剂100倍液。庭院越夏株的仙客来也在这时上盆定植，将地栽仙客来从土中挖出，抖去过多的土，定植于盆中浇透水，其他方法同上。

2.休眠株的上盆　将休眠的仙客来从盆中倒出，用清水洗去全部干土，将2～3厘米以下的老根剪去，用百菌清、多菌灵等药液浸泡30分钟后晾干，然后栽于比原盆大1号的定植盆内。栽后的浇水等同上。操作过程见图23。

上盆定植后的植株10天之内放于遮荫的场所，9月中旬后可增加光照，只遮挡中午强光。换盆1个月后施1次1000倍液的液肥，氮、磷、钾所占比例分别为6.5％、6％、19％，提前开的花要及时摘掉，为防止细菌性软腐病的发生，换盆10天后可再向土中灌注1次百菌清或多菌灵液，预防炭疽病、叶斑病等可喷代森锰锌、波尔多液等，同时要喷布杀螨剂。

进入10月份后，气温逐渐降低，尤其是我国北方地区，10月下旬有时气温已降到5℃以下，要将室外的仙客来搬入室

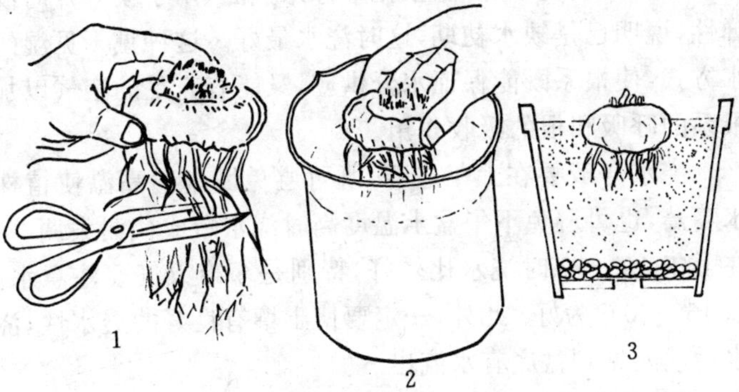

图 23　休眠仙客来的上盆

1. 根系修剪　2. 消毒　3. 定植

内培育。搬前要将盆底和盆边以及叶的内外用雾化水清洗干净。进入室内后进行全光照管理，但也要注意避免晴天午间的阳光直射。白天温度高时注意通风换气，使昼夜温差保持 10～15℃。家庭养植的仙客来要放在阳光充足的窗台上。

秋冬季浇水是很重要的栽培环节。仙客来的球茎喜湿润而通气的土壤环境，浇水过多会导致根和球茎腐烂。在温度较高的室内，浇水过多花梗和叶柄伸长生长加快，使花梗及叶柄软弱，而且容易造成细菌性球根腐烂病。但过分干燥又使叶片不能很好地生长，使之发育中断，此后即使恢复正确的浇水方法，也会使一部分叶片出现不可逆转的黄化，使生长发育和开花推迟 1～3 周。所以每次浇水都是很重要的，不能有任何马虎。表土不干不要浇水，不要机械地定时浇水，因为每天的温度变化不同，晴天和阴天的蒸发量也不同，每盆花所消耗的水量也不等，所以浇水量也应变化。进入盛花期大量开花时，花的蒸发量加大，容易干燥，也同生长时期的浇水不一样，因此，必须根据环境条件的变化和植株的生育状态酌情处理。

是否需要浇水，可以根据叶片来判断。用手摸叶片时没有弹性，说明已是缺水初期，这时浇水最好。这种见干见湿的浇水方式，使根系既能保证水分供应，又能有充足的空气以加强根系的呼吸和根的吸收作用。

浇水一般要在上午进行，既可避免因午间高温使植株缺水萎蔫，也可避免下午盆土温度高时浇水造成代谢失调。冬天在上午 10～12 时浇水比较好，特别是寒冷天气要注意水温，以 15～20℃为好。此外，一定要使土壤有良好的透水性，浇过水后就能见到盆底有水流出。

进入 10 月以后，球茎上的新芽见到光后就很快生长，形成叶群，然后开花。随着植株的生长，下面的芽往往被上面的叶片遮住难以见光，造成后续芽发育不良，开花少。因此，要把中心部位的叶柄向周围扩散，使中心部见光。中心部位的花芽接受光照后可使花蕾发育一致，开花期一致，并且花的高度也均匀整齐，可以提高观赏价值。如果不进行整叶处理，不仅开花少，而且株型杂乱，不利于商品花的形成。许多花卉种植者都有此现象发生，应引起注意。家养仙客来要经常转动盆的方向，使植株受光均匀。

当新年来临之际，仙客来盆花成品已经形成，可以大量上市，也可馈赠亲友。在此期间不可忽视的就是要继续加强光照管理，此时若光照不足会使整个植株软弱、徒长，不仅下部叶片会黄化枯死，而且长期放置在光照不足之处，约 1 个月后就不再继续开花，会大大缩短花期。如要放在光照不足的地方作装饰用，1 天中至少应将花盆移到光照条件好的地方接受 3 小时以上的光照，这样就可延长花期。在一般情况下，还是放在窗台或靠近窗台的桌上比较好。在此期间温度也必须保持在白天 15～25℃，夜晚不低于 10℃的范围之内。

对于盆栽仙客来的叶片也要进行修整，以提高观赏价值。因为夏季继续生长的仙客来当时为降温而进行了过度遮荫，往往会使叶柄过度伸长，而从9月中下旬开始长出的新叶，由于良好的光照而生长正常，这两种发育不同的叶打乱了盆花的整体观赏效果，要摘去过长的叶和黄叶、老叶，以促进新叶的发育生长。若将这些叶柄过长的叶片继续留下，1～2个月后将影响开花和株型的培养，所以要及早从叶柄基部去掉。

七、高效率育苗技术

仙客来实行专业化、工厂化育苗，不仅可以形成大批量苗的生产基地，降低成本，提高商品苗的质量，而且便于管理，可以创造适合于仙客来生育的良好环境，提高工作效率，增加经济效益，使仙客来的生产量和商品花的质量不断满足日益增长的国内外市场需求。

（一）播种时期

仙客来的播种时期，可根据市场需求以及大中小花仙客来的生育天数和品种特性而定。一般情况下，大花系仙客来在9月中下旬播种；中、小花系仙客来多在1月前后播种，也可在10月上中旬播种，使花期提前。如果能根据其不同生育期对环境条件的要求，创造一个仙客来生育的适宜环境，就可以分期播种，周年供应。

（二）播种用土及配制

仙客来播种用土，可参见前面第五节繁殖技术中的播种用土。但是工厂化育苗，要求用土必须有良好的一致性和透水性，便于统一消毒，统一操作。土壤疏松可使幼苗的根易分开，促进根系的形成，加速幼苗的生长，缩短育苗期。播种时土表层可以加入约1厘米厚的砂，以增强排水透气性，播种后按原砂覆盖播种孔即可，不可另外放砂，以免覆盖过厚，影响发芽一致性和发芽率。

（三）播种用具

1. 播种箱　播种箱可因地制宜生产。但是为了商品化生产的需要，必须标准化，有统一规格，便于操作管理，能提高工作效率；使仙客来苗生长一致，利于销售。材料用塑料小箱、木制小箱均可。箱的高度要求在7厘米左右，过浅或过深均不利于发芽后苗的生长和根系的形成，也不利于保湿或透气性的需要。播种箱的规格可自行确定。例如，每箱播种量150粒种子，种子间距为2.5厘米×2.4厘米，其播种箱的规格要求是长×宽×高＝42厘米×26厘米×7厘米。箱纵面板的厚度为0.5厘米，横面板厚度约为1.5厘米。木制播种箱，板与板之间的缝隙不可过大，以防土砂流失；特别是在浇水时，空隙过大砂土易随水流出箱外，板与板之间的缝隙以流不出土砂为宜。

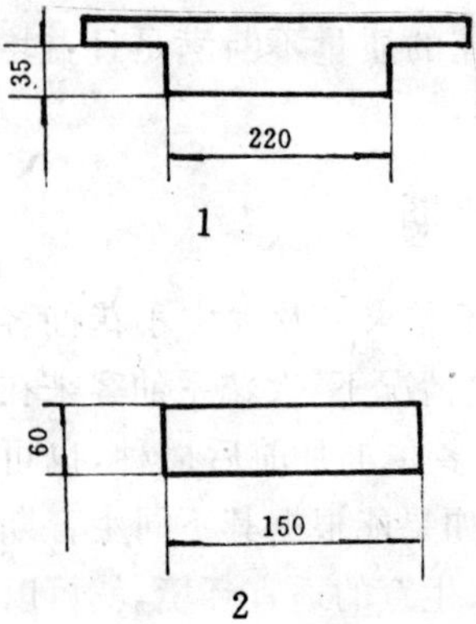

图24　刮土板及刮砂板

（单位：毫米）

1. 刮土板　2. 刮砂板

2. 刮土板及刮砂板

（1）**刮土板**　以木板或三合板等材料制成，用来将箱内土刮平（图24之1）。刮土板两边的木耳朵，搭在播种箱的框架上，来回推拉操作，控制土的放入量，土多时或遇有大块杂物则取出，土少则加土，使土面平整。在刮土板的木耳朵下边，可钉入钉子或嵌入铁条，以增加推拉时的光滑度，减少阻力。

(2)**刮砂板**　在用刮土板将土刮平后，放入净砂约1厘米厚，用刮砂板(图24之2)刮平，刮砂板还可作播种后覆盖种子之用。刮砂板的尺寸和高度可自行确定，只要便于操作就行。刮砂板的刮砂面要打磨成刀状，以增加推拉砂的滑润度，避免将土带起。

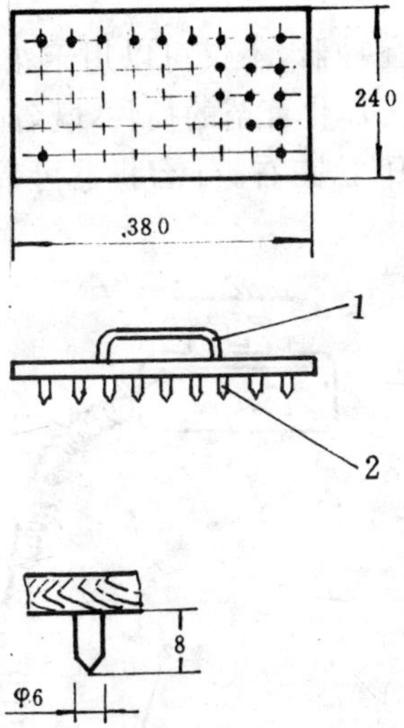

图25　**压孔板**　(单位:毫米)
1.提把　2.压孔木钻
3.压孔木钻(放大)

3.压孔板　用于播种土、砂准备完毕并浇透水后的打孔。小圆锥的间距一定要和自制真空播种器上的吸种孔的间距相同，以便将种子准确落入穴内。压孔板的制作如图25所示。

注意：压孔操作一定要在浇水后进行，否则干砂易散，形不成小圆穴。播后浇水，不利于种子萌发。

4.播种置种箱　播种时放种子的箱子，可用木箱、塑料箱、纸箱等。用发泡材料制做的包装箱轻便光滑，便于播种操作。箱高约10厘米，箱子的大小略大于吸种板就可以了。

5.自制真空播种器　这种播种器是根据吸尘器的原理，使吸种板上形成真空，把种子吸附于吸种孔上，然后将吸满种子的吸种板放入准备好的播种箱内，种子对准播种穴，关闭气门，用手轻轻地一拍，种子便可自行落入圆穴内(图26)。这种播种器，不仅可以用于花卉的播种，也适用于蔬菜、林果进行工厂化育苗的播种，既省时又省力，其工作效率为人工播种的10倍左右。1台机器可带有4个吸种板一同操作。

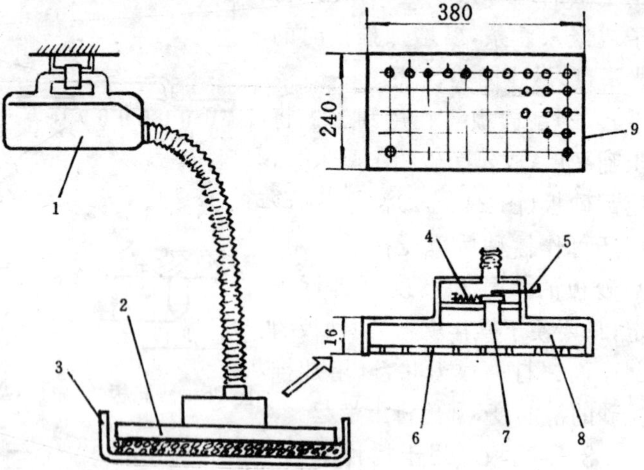

图26　自制真空播种器(单位:毫米)

1.吸尘器　2.吸种板　3.放种板　4.弹簧 5.气门　6.吸种孔　7.进气孔　8.空气室　9.播种箱

吸种板可用2～3毫米的有机玻璃板制作，按设计的规格切割成块，用万能胶水粘合，在吸种板的底板上打上同压孔板等距的吸种小孔，可根据所播种子的大小而定。仙客来吸种板上的孔径约2毫米，然后在进气口内，安装1个气门和开关弹簧及控制开关的小手钩即可。

在播种过程中，为了增加吸种板的光滑度，防止过多的种子吸附于板上，提高工作效率，可准备1条干毛巾，每播1次或数次，用毛巾擦一下。为了防止砂子或过小的种子堵塞吸孔，可准备1根细铁丝，制成钥匙状，用于处理被堵塞的吸孔。另外还可准备1把镊子，用于补充无种空穴。同时还要根据自己的设计安排，准备标签，以注明品种和播期。此外，播种完毕后，应将所有的用具清洗后集中放于干燥通风处，以便再用。

6. 播种场所 9 月中下旬大花仙客来播种可在室内或室外荫棚等处进行，可因地而定。1 月小花仙客来播种要在室内进行。在室外荫棚等处播种时，要防止播种箱内水分蒸发，浇透水后等待播种的箱上要用塑料膜遮盖，防止雨淋和风干，并要求场所洁净，通风良好。

（四）播种用土、用具和场所的消毒

1. 播种用土的消毒 参见本书第五节。

2. 播种用具的消毒 播种箱或其他用具等，可用蒸气加热消毒 30～40 分钟。操作要点是将所要消毒的用具摆整齐，然后用无破损的塑料膜盖严，底边用土埋严密封，通入蒸气即可。如无条件或对不耐高温的器具，也可用漂白粉消毒，去掉泥土杂物，浸泡在含 10%漂白粉的溶液中 5 分钟以上。

3. 作业场所的消毒 一般用清水冲洗作业场所，将碎石杂物扫除，特别是要将腐烂叶或其他易腐败的东西清除掉，防止霉变，影响种子发芽和污染环境。

（五）播种及播种后的管理

工厂化育苗不同于一般的少量播种。播种前要对种子预先挑选消毒，将过小或变黑的种子及其他杂物捡掉，以免影响播种出苗率。

播种箱内放入约 3.5 厘米厚的消毒过的土，用刮土板刮平整，然后再放入约 1 厘米厚的砂，用刮砂板刮平，使砂的厚度均匀后，浇透水，待水渗下立即用压孔板压孔待用。为了节省时间，提高工效，播种时可数台机器同时进行，播种箱可摆成行，例如每排两箱，每行箱数不等，这样可以使相同的作业同时完成，然后一起进行下一道工序。浇水时要特别注意浇水量不可过多，要求用雾化好的喷头浇水，以免将下部播种箱已压完的播种孔冲坏。所有播种箱的准备工作完毕以后，用塑料布盖严，以防风干雨淋或其他污染。播种时要注意每个吸种孔是否全部吸上种子，防止遗漏，影响出苗数和成箱苗的出售。播种完毕用刮砂板将砂刮平覆盖好种子，最后整齐地叠摞起来，放入事先准备好的暗室。注意播种后不再浇水。如果是放在一般的室内或大库房等处，则要用黑色塑料膜覆盖遮光保湿。待发芽整齐后，去掉覆盖物，搬入温室按实生栽培苗进行管理。发芽期间最好不要直接向播种箱内喷水，以免影响种子萌发，可向地下或墙上洒水来增加空气湿度。发芽室必须通风良好，以免发生霉变。要经常不断地观察发芽情况，随时处理出现的问题。播种后的温度最好掌握在15～20℃范围之内。1月份播种的仙客来要注意保温。发芽期间切忌施肥。

八、如何缩短仙客来的栽培周期

一般认为仙客来的栽培周期太长。大花仙客来从播种到开花需13～15个月，中小花仙客来需9～11个月，而且这中间大部分管理是在温室进行。因此，管理时间长，成本上升，利润降低。其实仔细分析一下，君子兰从播种到开花需要4年之久；月季、杜鹃花等没有两三年的生长期，也形不成良好株型的盆花。即使是菊花，通过脚芽繁殖也要1年的时间。比较而言，仙客来作为高档盆花的生产周期并不算太长。另外，仙客来对光的反应是中性，其休眠也是被迫的，作为周年供应其开花期的调节比较容易。因此，在不同的时期播种，只要条件适宜，就可以全年有花。当然作为工厂化生产如何进一步缩短生产周期，也是需要研究的课题之一。

仙客来的栽培周期，可分 3 个阶段，即播种阶段、幼苗阶段和开花阶段。仙客来播种繁殖，种子发芽所需的天数一般为 30～50 天，比一般草花发芽时间长得多。因此，发芽阶段太长，是使整个栽培周期延长的原因之一。其二，仙客来的幼苗期生长缓慢，从 4 月至 8 月约需 5 个月的时间，在这一阶段如遇不良的环境，幼苗很容易进入强迫休眠，使生长停止。第三个阶段，仙客来生长比较迅速，可以很快进入花期。所以，要缩短栽培周期，主要在缩短播种发芽期和幼苗生长期这两个阶段。采取的措施有如下几项：

（一）选择适宜的栽培品种

无论国际还是国内，都把培育栽培周期短（8～12 个月）的仙客来品种作为育种的目标之一，其目的就是想一劳永逸地解决栽培周期的问题。许多杂交 1 代品种已初步具备了栽培周期缩短的优点，因此，在选择栽培品种时，除了花形花色等条件外，对栽培周期也要同时加以选择。目前许多小花型仙客来品种具备多花和适应性强的特点，而且周期较短，所以深得人们喜爱，其销售量一直呈上升趋势。

（二）严把种子质量关

仙客来的种子大小不一，这在某种程度上决定了成苗以后的生长速度不同。而且仙客来的种子在萌发过程中，往往会出现苗期不一致的问题，这对于成批生产仙客来盆花、达到统一的花期极为不利。因此，在种子质量上一定要把好关，选择颗粒饱满，色泽红褐，成熟度好的种子，并且要尽可能选用新鲜(当年采的)种子。在播种时将大小种子分开播种,并且注意播种时尽量不要有遗漏,以保证全苗。

(三)种子脱毒和催芽处理

由于许多仙客来种子带有各种病菌和病毒,如不经消毒直接播种,便会在其后的生长过程中危害植株,使一些仙客来在幼苗期夭折,另一些则染病发育不良。因此,在播种之前一定要进行脱毒处理。我国天津园林科研所将仙客来种子经升汞、酒精、磷酸三钠处理后,脱毒率可达95%以上,发病率由70%下降到20%以下。

此外,为杀死一般性病菌,也可用多菌灵浸种30分钟,或1%硫酸铜浸泡30分钟,用1/5000的高锰酸钾液消毒处理,效果也很好。消毒后,一定要将种子上的药液用清水反复冲洗干净,晾干后播种。

为了加快种子萌发,播种前要使种子充分吸水。在30℃温水中浸泡3小时后,再用凉水浸种24小时,可以比不浸种的提前出苗10天左右。

(四)创造适于种子发芽的温湿度条件

仙客来种子发芽的适宜温度为15～22℃,以不超过20℃为好。过低和过高的温度都会使种子发芽的时间延长。因此,播种后的首要问题就是确保种子稳定在这一温度范围之内。种子发芽适宜的土壤水分为70～80%,如果水分低于50%,种子就会进入休眠,停止萌发。所以在确保温度的同时,要使盆或箱内土壤保持湿润。但是,在种子萌发以前浇水,对种子萌发不利。如果湿度不够,可以向地面等处喷雾,以此来增加育苗场所的空气湿度,保证种子的顺利萌发。

仙客来的种子发芽不需见光，在播种期间，光照将起到严重的抑制作用，对仙客来种子的萌发不利。所以在种子发芽之前，一直要注意播种盆或箱的遮光，使之保持黑暗。

此外，赤霉酸能明显促进种子在黑暗条件下萌发，同时赤霉酸也可以降低种子对光的敏感性。

(五)加快幼苗生长速度

幼苗期要创造适宜生长的良好环境，加快幼苗生长速度。仙客来适宜的土壤氢离子浓度为 316.3～1585nmol/L (pH5.8～6.5)，一般保持氢离子浓度 1000nmol/L(pH6)左右为好。幼苗生长温度白天为 18℃，晚上 10℃左右，这样有利于生长和积累营养，温度过高会使生长停止，进入休眠。

另外，有实验报道，提高地温可以促进仙客来生长和花芽的发育，使之提前开花。在仙客来 4～6 枚叶时进行 6 周的提高地温(18℃)实验，到开花的天数可以缩短。但是，地温过高则株型变高。如提前播种，在 6 叶期进行低地温处理(13℃)，到开花时花芽数和叶数都将增多。因此，在栽培中，为了提高质量使花期的花数增多，可用降低地温的办法；而为了提早开花，提前上市，则可用提高地温的办法。

要保持土壤的适宜湿度。过于干燥会使幼苗休眠，但又不能使盆或箱内有积水，以免造成根系呼吸受阻，使球茎腐烂。

表 2 仙客来同其他植物营养吸收比较

种　类	氮 (N)	五氧化二磷 (P_2O_5)	氧化钾 (K_2O)	氧化钙 (CaO)	氧化镁 (MgO)
16 种花卉平均	100	35	168	82	25
蔬菜平均	100	31	134	80	17
仙客来	100	34	207	126	71

仙客来从 9 月播种到翌年 9 月长到成苗定植于 18 厘米

盆中，这1年时间大约要消耗掉0.76克氮，0.26克五氧化二磷，1.57克氧化钾，0.54克氧化镁和0.96克氧化钙。如果按所吸收的氮为100，与其他各元素之间的比来看，仙客来比蔬菜和其他花卉对钾、钙、镁的消耗量要大得多。表2是它们之间的比较，这组数字对于施肥有一定的参考价值。

另外，在1年的生长周期中，其养分吸收在4月上旬以前较少，此后吸收增加较快，5月以后急剧增加。因此，进入4月以后，每月应追施两次液体肥料，以保证生长所需的氮、磷、钾及其他元素。栽植时应确保球茎至少露出地面1/3，以免抑制芽的萌发与生长。

（六）加长光照时间

光照时间的长短对仙客来的生育影响很大。光合作用时间长，可使仙客来加快生长，提前进入花期。幼苗阶段光照作用更明显，幼苗长到5片叶时增加光照时间，可使生长明显加快。花前两个月时增加整夜光照，可提前12天左右进入花期。如果不能补充光照，至少也要充分利用太阳光的能量，尽可能延长光照时间。

仙客来的适宜光照强度为1.5万～2万勒克斯，除了避免引起叶片日灼病的强烈光照外，要尽量满足仙客来对光照的要求。在高温季节可以遮光40%左右，早晚及阴天则要打开遮荫物，使仙客来充分接受光照。幼苗盆栽不要摆放过密和互相重叠，以免影响叶片的光合作用。

（七）激素处理

在预定开花的50～60天前，即9月中下旬，用赤霉素处理仙客来可促进开花，赤霉素浓度为1～2ppm（ppm为百万分率，即在1升水中加1毫克赤霉素）。如果高于此浓度，会使花梗徒长，并会发生畸形花；浓度达到 20ppm 时，花梗的伸长可增加1倍。在赤霉素中加入 50～100ppm 的细胞激动素 BA（6-苄基腺嘌呤）效果更好。

激素处理的对象为2～3厘米大的幼花蕾，每株3～5毫升。可用手将叶向四周拨开，用小喷雾器对准幼蕾喷药，也可用毛笔蘸药涂抹花蕾。尽可能不使叶片沾药，以免引起叶片加长生长而破坏株型。喷药前应施足肥料并浇水，以免药剂处理后再浇水影响药效。处理应在晴天进行，适当降低一些室内温度，夜温以在20℃以下为好。

九、仙客来的无土栽培

仙客来同其他花卉一样，也可以无土栽培。无土栽培具有清洁、节肥、省时，容易掌握水分及营养物质的特点，可使花卉生产的一致性得到保证，能培育出大批株型大小和开花期相对一致的商品性花卉。在家庭养花中，业余爱好者可不必为取土与制造有机肥料污染环境而发愁，通过盆底给水的方式也可使盆花几天不需浇水。无土栽培尤其对于仙客来的出口检疫更具有非常重要的意义。

我国的许多花卉枝繁叶茂，花朵硕大，但就是不能出口打入国际市场，其中一个主要原因就是土壤带菌带毒，检疫不合格。面对国际市场，面对国内越来越多的花卉爱好者的要求，就不能不从买方需要出发，探索无土栽培的方式。

（一）无土栽培用具

无土栽培所用的花盆不能用常规的素烧陶盆、紫砂盆等，而需采用塑料制成的双层套盆。这种盆分两部分，一部分用来盛放营养液和水，为不漏水盆；另一部分用来种植仙客来，底部有孔，内装栽培基质。根据营养液盛放方式的不同，套盆有不同的设计：一种是外盆比内盆深而大，内盆整个套于外盆中(图 27)；第二种是分上下两层，上层花盆盛放栽培基质种植仙客来，盆底有孔，以增加透水性，在中心圆孔内放入 1 条吸水纱条，一部分露出盆底外，用于吸取营养液，下盆盛营养液，同时支撑上盆(见图 19)。此外，还有一种花盆同普通花盆相似，盆底多孔，栽入仙客来后放入水槽，采用底部给水方式栽培(参见 19 图)。

图 27　套盆

无论哪一种花盆，其盆的大小规格都应根据仙客来的不同生育阶段而定。在温室栽培中，还可以用大型的栽植槽，统一种植仙客来。但往往由于槽太大，仙客来生长前期幼苗较小，浪费空间；到植株长大时又互相重叠，不易调整间距，栽培基质及栽植深度因槽已固定不易随生长情况而调整，到成苗上盆时又易伤根，所以此种方法并不多用。

(二)栽培基质

无土栽培所用的基质,必须是无土和不含腐殖质成分的,它同水及营养液接触时不会发生任何化学变化,要有良好的通气性和保水能力,同时还要有一定的重量,以支持植株及花盆不致翻倒。

适于仙客来栽培用的基质主要有砼石、泥炭、炉渣,见本书第五节繁殖技术中播种用土。此外还有:

1. 膨胀珍珠岩 为一种火山岩,经高温煅烧时形成的类似玉米花样的白色物质,质轻,吸水性好。透气,不腐不溶。因为它太轻,所以必须同其他物质混合使用。

2. 合成纤维 合成纤维是由人工合成的基质,纤维细,孔隙大,具有较大的空气通透性。质轻干净,保水性能强,化学稳定性好,不含有毒物质。合成纤维也有许多种类,已在无土栽培中试用。

适于仙客来使用的无土基质配方有多种,例如:①50%砼石+50%炉渣;②50%砼石+50%泥炭;③50%泥炭+50%炉渣;④1/3 砼石+1/3 珍珠岩+1/3 泥炭;⑤40%砼石+40%泥炭+20%细砂。可根据实际情况选用。

(三)营养液

在无土栽培中,营养液的配方是最重要的,它关系到仙客来的生长发育能否正常,营养是否充足。国内外都在这方面做了大量研究。营养液中最主要的是氮、磷、钾的配合比例。

以下几种营养液配方,可供参考。

1. 上海园林研究所仙客来无土营养液(每升水含量)

KNO_3	0.6 克	$FeSO_4$	0.02 克

NH_4NO_3	0.4 克	H_3BO_4	0.01 克
$(NH_4)_2HPO_4$	0.4 克	$MnSO_4$	0.01 克
$MgSO_4$	0.4 克	$ZnSO_4$	0.006 克
$CaSO_4+Ca(H_2PO_4)_2$	0.4 克	$(NH_4)_6Mo_7O_{24}\cdot 4H_2O$	0.006 克
KH_2PO_4	0.4 克	$CuSO_4\cdot 5H_2O$	0.002 克

使用时营养液浓度控制在 0.1～0.2%。

2. 杭州农科所仙客来营养液配方（每升水含量）

$Ca(NO_3)_2\cdot 4H_2O$	0.13 克	$ZnSO_4\cdot 7H_2O$	0.22 毫克
KNO_3	0.84 克	$CuSO_4\cdot 5H_2O$	0.08 毫克
KH_2PO_4	0.21 克	$H_2MoO_4\cdot H_2O$	0.18 毫克
$MgSO_4\cdot 7H_2O$	0.645 克	$FeSO_4\cdot 7H_2O$	27.6 毫克
H_2BO_3	2.86 毫克	$MnCr_3\cdot 4H_2O$	1.81 毫克

使用时营养液浓度控制在 0.2%左右。

3. 花卉基本营养液配方

(1)禾皮尔营养液

1900 份 KNO_3	5 份 H_3BO_4
400 份 $CaHPO_4$	5 份 $MnCl_2$
200 份 $MgSO_4\cdot 7H_2O$	0.5 份 $CaSO_4$
10 份 $FeSO_4$	0.5 份 $ZnSO_4$

其中的 $N:P_2O_5:K_2O=1:1:1.6$

(2)希勒尔营养液

800 份 $(NH_4)_2HPO_4$	15 份 $FeSO_4$
1800 份 KNO_3	2 份 $Na_2B_4O_7\cdot 10H_2O$
150 份 NH_4NO_3	2 份 $MnSO_4\cdot H_2O$
200 份 $Ca(H_2PO_4)+2CuSO_4$	1 份 $CuSO_4$
120 份 $MgSO_4\cdot 7H_2O$	1 份 $ZnSO_4$

其中的 $N:P_2O_5:K_2O=1:1:1.75$

对于一般爱好者来说，也可用基本的无土栽培营养液配方，根据仙客来的不同时期对大量元素的不同需要自行配制合适的营养液。因为每个地区的自然环境不同，光照强弱、湿度大小都影响着仙客来的生长及对营养的要求，因此，自行配制更简单方便，更能接近实际要求。

此外，天津园林科研所等也研究出了仙客来无土栽培专用的营养液，已在生产中推广。

在仙客来生长过程中适宜的肥料为氮、磷、钾分别占6.5%、6%、19%。在各种元素中氮可以促进营养生长，提高光合效能，使枝叶生长加快。磷能增强植株生命力，促进花芽分化、开花和果实种子发育成熟，还能提高根系吸收能力。钾能使组织成熟，提高抗旱、抗病虫能力，使根系发达。因此，仙客来幼苗生长期需氮和钾稍多一些，而花芽分化期、开花期和种子发育期则要求含磷稍高一些，应根据不同的生长发育阶段进行调整。此外，植物的选择吸收会使某一个阶段培养液中的某些元素减少，造成某种元素缺乏症，应随时注意调整，每过一定时间就应将营养液更换1次，以保持元素的比例平衡。

（四）管　理

在配制营养液时，浓度要控制在0.2%以下，要做到精确掌握，缓慢生长期浓度还应更低一些。配制用水虽不需经过特殊软化处理，但水质过硬地区的水不宜使用，以免过硬的水质使营养液中的无机盐类发生沉淀。营养液的氢离子浓度调整到1000nmol/L（pH6）左右。可用极稀的酸（如 H_2SO_4）或碱（如 NaOH）调节到所需的范围。

营养液的水温要同仙客来的生长温度相适应，不宜过高过低，一般保持在15～20℃为好。在生长季节，如果由于水分被吸收或蒸发使营养液减少，浓度就会增高，要不断补充水分。进行无土栽培时，营养液面不能太高，尤其是采用双层套盆，液面和球茎之间要有空气层，否则会使植株呼吸不畅，造成球茎腐烂。合适的液面应保持在根系活动区，而不是在球茎的下半部分，要保证球茎不被水淹。

为了使仙客来正常的生育，其他的环境条件如温度、光照等也都必须正确管理。

仙客来在无土栽培中虽然某些由土壤传染的病害得到控制，但虫害仍时有发生，要加强虫害防治，及时喷药预防。

十、仙客来的主要病虫害及防治

（一）主要病害及防治

细菌性叶腐病（Erwinia herbicola）

【症　状】 本病在植株的叶柄、芽、球茎处均可发生。开始时叶柄带有水渍状斑点，随后病斑扩大成黑色斑块，继而造成腐败。腐败部沿叶脉向叶端发展，使叶身全部腐败，叶黄化枯死。切取病叶观察，可见叶柄维管束变褐，随病程进展球茎内维管束也变褐。病状扩大到幼花芽及叶芽，并沿维管束扩展至球茎，使之腐败枯死，地上部萎蔫。仙客来的幼苗在发芽后即可感病，第一片叶展开时胚轴可产生水渍状斑点，使幼苗腐败枯死。一株苗发病枯死可以传染其他健康植株。接触过病株的水、手、花盆等都可以成为传染源。其中，手是最重要的传染途径，尤其在植株有伤口时更易使病菌侵入，导致发病。仙客来的种子带菌也是主要的传染途径之一。

【防治措施】

第一，消除自然传染源，杜绝种子传染，加强种子检疫。播种前用0.5%次氯酸钠浸泡3小时消毒，然后用清水冲洗1昼夜。在药液浸泡种子的过程中，种子表面有时会出现气泡，可轻轻去掉。即使种皮色素浸出，对种子的发芽也没有影响。

第二，随时摘除病叶或植株，集中烧掉。同时要喷药并保持环境的干净卫生。操作时应在较干燥的时间进行，不要用处理过病株的手再去污染健康植株。

第三，药物防治可喷150～200倍波尔多液。摘叶或摘花后的伤口处可用土霉素2000倍液或链霉素3000～4000倍液涂抹，以起到预防作用。其他的杀菌剂也有效。

软腐病(Erwinia aroideae)

【症　状】 本病多发生在夏季高温多湿期。阴雨天过后的晴天，地上部急剧萎蔫枯死，球茎软化腐烂，芽及叶柄基部也同时腐烂。腐烂部位放出恶臭气味，球茎上部有粘液状渗出物。软腐病同细菌性叶腐病不同之处是前者球茎软化腐烂，而后者则呈干腐状。软腐病是土壤传染的病害，用土消毒不彻底很易导致本病发生。

【防治措施】

第一，盆栽用土要进行彻底消毒。方法可用氯化苦熏蒸剂熏蒸。熏蒸时间，夏天要求3天以上，冬季要熏7～10天。消毒时将土全部密封覆盖，内部温度保持在5℃以上，土壤水分保持在30～60%，即用手握土可成团。熏完后不要立即打开覆盖物，可让药效多维持几天，再打开通风除去药味。另一种方法是采用高温蒸气加热消毒，如没有专门容器，也可同熏蒸法一样，用双层塑料布覆盖，通入蒸气消毒。

第二，药物防治可选用1000倍链霉素液定期喷洒，或用

150～200倍波尔多液定期喷洒。

萎凋病(Fusarium oxysporum)

【症　状】 此病多发生于夏秋季节仙客来生育的后半期。初期一部分叶片失去生机，凋萎、黄化，以后黄化叶逐渐增多，阴雨天过后晴天时植株全部枯萎。这种情况到夜间可以恢复正常，白天再度萎蔫，直到植株枯死。从发病株的叶柄或球茎切断处可以看到维管束部分或全部变成褐色，这说明病菌已经侵入。同细菌性叶腐病不同，萎凋病同软腐病一样是土壤传染的病害，从下向上变褐。而细菌性叶腐病是从上向下变褐，从植株切断处观察可以区分患病种类。

【防治措施】

第一，仙客来用土及花盆等要进行彻底消毒，根除传染源。要合理浇水，因为花盆过大，盆土过干过湿等有助于萎凋病的发生。发病株一经发现，应即淘汰烧掉或深埋。倒掉病株的花盆要再次彻底消毒。

第二，用苯菌灵2000倍液灌根防治，生长期以克菌丹800倍液喷洒。

灰霉病(Botrytis cinerea PERS)

【症　状】 病菌生活力很强，在每年的高温和加温初期易发生，一般雨季至10月以后的花期发病较多。在6～7月的阴雨天如植株软弱徒长、老化叶有伤口等，病菌便会侵入，通常老叶的叶柄处先发病。10月份以后如果温室密封，湿度高也可发病。初发病时软弱植株外侧老叶叶柄腐败出现灰色霉菌，随后邻近的叶柄、花梗也相继发病，很快传染整个植株，最终导致球茎腐败。

【防治措施】

第一，此病在气温为15～20℃的多湿条件下易发生，因此防湿是防病的主要对策。浇水不可太多，要开窗通风，使空气流通，必要时用排风扇强制通风。保持温室清洁，使病菌密度下降。

第二，药剂防治，可定期喷洒克菌丹 800 倍、苯菌灵 2000 倍的混合药液。也可用 70～100 倍敌菌灵或 800～1000 倍多氧霉素液喷中心部位。目前，还没有针对仙客来灰霉病的特效药，所以要以预防为主。尤其在雨季到来前的 5 月下旬以及进入温室前的 9 月下旬要及早喷药防病。

炭疽病

【症　状】 炭疽病 1 年中任何时候都可发生。初发病时叶片出现小的水渍状斑点，然后斑点逐渐扩大形成同心圆形轮状病斑。7～10 月是仙客来叶芽及花芽分化盛期，这时幼花芽及幼叶芽也可出现水渍状小斑点，最后导致幼芽全部变黑腐败枯死。到开花期后主要危害花梗，初期花梗产生水渍状小斑点，斑点上下延伸形成纺锤形的病斑，致使花枯死。

【防治措施】

第一，炭疽病菌喜高温，等发现芽枯时再防治已经太晚，因此要早防早治。消灭传染源是首要措施。本病以种子传染为主，因而种子要用次氯酸钠、高锰酸钾等彻底消毒。为确保在健康植株上采种，花期发病要及时去除病花梗，绝不许在发病株上采种。

第二，植株可喷 800～1000 倍代森铵或 800～1000 倍多菌灵液防治。

叶斑病(Phoma Cyclamenae LALST)

【症　状】 叶呈褐色病斑，一般在 7～10 月间多发。

【防治措施】 可用代森铵 800～1000 倍液或波尔多液 150～200 倍液喷雾。要及时摘除病叶。

细菌性芽腐病

【症　状】 本病症状与细菌性叶腐病虽相似，也是叶、芽、球茎发生腐烂，但球茎是软腐，而叶腐病是干腐。此外，发病时间也不同，芽腐病病菌喜低温，多在11月至翌年3月的寒冷时期发病，仙客来受冻后更易患病。

【防治措施】 种子要彻底消毒。可喷150～200倍波尔多液防病。

根结线虫病

【症　状】 根结线虫很小，只有零点几毫米，主要危害仙客来根部，使根端膨大形成根结。感病株呈营养不良状，矮化，叶片小而皱缩，丛生。以后渐渐枯萎，根系坏死。

【防治措施】 移栽前以氯化苦彻底消毒土壤及花盆用具。用克线磷每盆施药0.75克。

（二）主要虫害及防治

仙客来螨

【为害状】 仙客来螨寄生于球茎、叶、花蕾等处吸食汁液，使花、叶畸形，开花异常。仙客来螨多在夏季高温干燥期发生，如花蕾在发育中出现变黑腐烂，同时出现瘢痕，说明有螨危害。仙客来螨体长约0.2毫米，肉眼观察可以发现。

【防治措施】

第一，用40％三氯杀螨醇1000～1500倍液喷杀。因螨类多寄生在生长点的幼叶内部和花蕾内，喷药时一定要注意喷到幼叶和花蕾上。可用手将上部的叶片拨开，以利于将药喷到中心部的幼叶、花蕾处。

第二，用3％呋喃丹施于盆土中，每盆2～5克，药物有效成分被植株根系吸收后可传遍全株，以杀死螨类。

蚜　虫

【为害状】 蚜虫多发生在高温及透气性差的时期，新叶和芽被害严重时，可导致植株发育不良。蚜虫的危害还会带来其他病菌的侵入，所以要及时防治。

【防治措施】 杀灭蚜虫可用敌敌畏1500倍液或乙基1605乳剂2000～3000倍液喷杀。家庭中可用卷烟浸出液或稀释的洗衣粉水喷洒，但要注意浓度不可过高。如发生量小，也可用手或棉纱等将虫捏去。

此外，还有茶卷叶蛾、甘蓝卷叶蛾和介壳虫等害虫。茶卷叶蛾、甘蓝卷叶蛾属于食叶性幼虫，可咬食仙客来叶片，危害生长发育。防治可用敌敌畏1000～1500倍液喷杀。少量介壳虫可用小刷等物刷除，大量发生时可用呋喃丹或铁灭克根施杀灭。

（三）生理病害及处理

仙客来在其生长发育过程中，由于受外界环境条件的影响而使植株体内发生变化，如激素平衡失调，肥料成分或施肥量不当引起的体内营养代谢失调，微量元素欠缺等，均可发生生理性病害。这些生理病害要同细菌、真菌、病毒引起的传染性病害以及虫害相区别。生理性病害的发生还可以创造一些意想不到的奇花异株，作为特殊花形观赏。主要的生理病害有以下几种：

仙客来花梗变粗

这种现象叫做带化或扁化，是由多数花梗合并长成的1根带状花梗，从而出现几朵花一齐开放的奇异现象（图28）。

一般在1株仙客来上只有1枝发生带化，而其他花则生长正常。在带化的花梗上，叶片也同时带化。带化花梗上所开的花，有一部分花瓣发生反转（扭曲）而呈非正常花形。带化的花梗较其他花梗粗数倍。发生的原因往往是由于要达到元旦上市的目的，促使仙客来提前开花和开花一致而使用赤霉素、6-苄基腺嘌呤等激素，由于处理的时期、方法以及浓度等不正确，引起植物畸形生长，某一部分变形，导致生理病害发生。另外，病虫害有时也会刺激激素增多而引起畸形。

图 28　带状花梗图

变形花

有时可以看到非常珍奇的仙客来花朵（图 29），1 个花梗上除了正常花之外还有几个花蕾，形成 1 个花群。除了中心花之外，其余的花瓣都较小。这种现象的花都是重瓣，但花是不一样的，其叶片大而厚。

这种异常现象的发生，同引起花梗变粗的原因是一致的，也是由于在使用激素时处理的浓度、方法和时间不对。一般在花芽分化期的 9～10 月使用药剂处理多产生变形花。而开过变形花之后，到春天大多数仍可转为正常开花。此外，仙客来进行辐射处理，也常常出现这种畸形花。这种情况在其他花卉的辐射育种中也常常遇到。

球茎裂痕

仙客来的球茎上有时会发生一些纵裂，特别是成年球茎上发生较多(图 30)。

裂痕产生的原因是由于施肥不均匀所致。例如，苗期施肥过多，促进了叶的生长发育，而球茎没有增大。在这以后如果很快停止施肥，则球茎迅速增大生长，这时由于球茎的快速增大而导致内外张力不同，使表面出现裂痕。由于裂痕的存在，使病菌很容易侵入而造成生理性病害。因此，必须正确掌握施肥量，以使球茎生长平衡，避免造成裂痕。在苗期要有充足的钾肥，不使氮的比例过高。

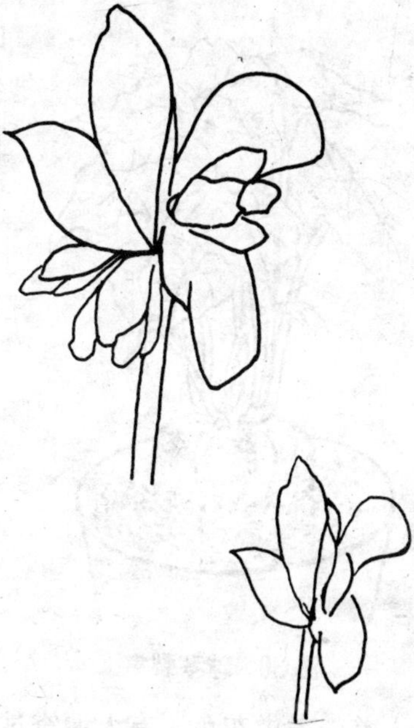

图 29 变形花

十一、仙客来的商品化及选购利用

仙客来作为冬季主要盆花之一，已经越来越受到世界各国人民的喜爱。随着人们生活水平的不断提高，仙客来不仅成为寒冬季节装点居室的佳品，而且也成为圣诞节、新年、春节馈赠亲友的美好礼品。仙客来以其独有的花形，艳丽的色彩，

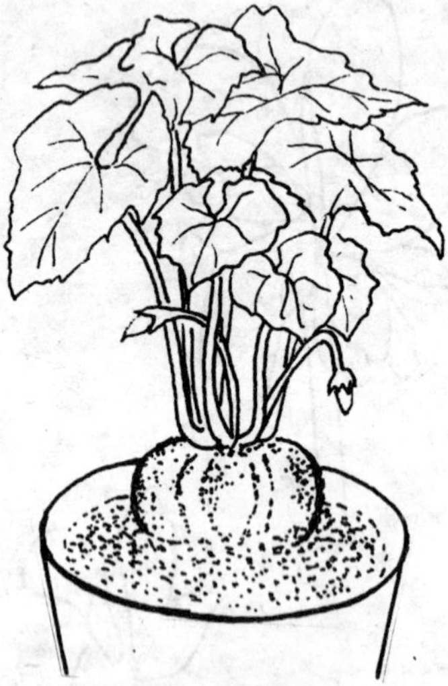

图 30　球茎裂痕

以及对人们的吉祥祝福成为名符其实的节日珍品。作为花卉虽然人们对色泽、大小各有所爱，但是作为商品仙客来也自有一定的标准。

(一)花的品质和株型

仙客来按花的大小、花色，花瓣波纹的有无，香味的浓淡以及叶片的区别等，分为不同的系和品种。作为商品仙客来，消费者首先要对买来盆花的观赏天数进行评价，其次才是价格便宜，而一半人首先考虑花色。有人调查过人们对仙客来花色的喜爱类型，约有 31%的人喜欢红色仙客来，18%的人喜欢白色，紫色的只有 4%喜欢。这一数据对于栽培者来说无疑具有极大的指导意义。

商品仙客来不仅要求品种准确纯正，对花的品质也要求色泽鲜艳，花梗直立健壮，花多而且开花期一致；花瓣上翘，从叶面到花瓣下部的花梗长 6～7 厘米；叶片完整浓绿，具有本品种的叶面特征，有良好的叶组(叶群的组成)形成；叶片营养良好，不徒长，幼芽幼蕾有较多的贮备。上市时要求叶片将盆土全部覆盖，叶组直径大于盆口，给人以丰满的感觉。

(二)盆　土

商品性仙客来的盆土要求干净无臭，无污染物，不腐烂，具有保肥保水能力。作为商品性仙客来的基质最好用无土栽培基质,如硅石+砂;珍珠岩+砂;腐叶土+砂+煤灰等,不用任何农家肥,而用复合化肥栽培。栽培用土要疏松透气,重量尽可能减轻,以便于顾客携带运输以及购回后的日常管理。

(三)用　盆

随着人们审美观念的改变及生活节奏的加快,传统的笨重型素烧陶盆已不能适应人们的需要,取而代之的将是轻便、美观、干净卫生的塑料花盆。花盆样式可参见无土栽培一节。

使用塑料花盆要求盆底的透水孔比一般花盆多,以保证仙客来根系的氧气供给,同时防止盆中积水。盆底的孔可做成多种形式,如图31的孔就有较好的透水性。另外,塑料花盆的不同颜色对调节根部土壤的温度也有一定的作用。

仙客来的花盆要求是盆深大于盆口直径的深桶型花盆,而不要盆口大于盆高的浅盆,这是从仙客来的特殊性来决定的。在仙客来的栽培中,要求球茎一定要露出表土1/3～1/2,如果花盆过浅,在球茎下面的根系就没有多少活动的空间,不利于球茎的发育和根系的生长。如果为了增加盆土而将球茎抬高,则不利于浇水。特别是作为商品花,植株的高低与花盆的深浅差距悬殊将影响到观赏效果。另外,在进入生育适宜期后,新叶不断增多,花盆过浅就会形成上下比例失调而呈臃肿状态。仙客来花盆的盆高一般为植株高度的2/3以上。大花仙客来多用15～18厘米口径的盆,中

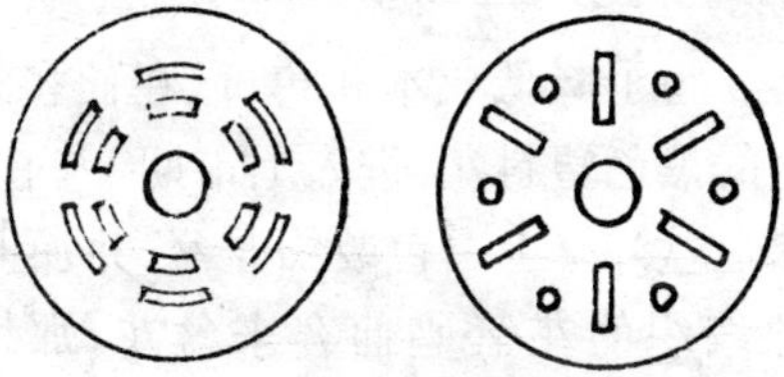

图31　花盆底部透水孔

小花仙客来多用 12～14 厘米的盆。

(四)供 水

仙客来作为商品出售,必须保证从产地到顾客手里这段时间的供水,以及购回后的继续管理。因此,最好选用上下两层的塑料套盆(见无土栽培中的花盆),这样无论在销售过程中还是顾客买回后,供水的管理都比较方便。

(五)病虫害

商品化的仙客来盆花要求无病虫害,销售前一定要进行筛选,清除病株,并把枯黄老叶及叶柄过长的叶,被虫及螨咬过的花蕾摘掉,保持植株的健康长势。销售时也应将已结实的花和进入开花后期的花朵摘掉,以保证所销盆花的质量。

(六)装饰与包装

为了降低成本和售价,在仙客来的栽培过程中可使用廉价的黑色塑料盆。进入上市期,为了增加盆花的装饰效果可在黑色盆外套上白色装饰花盆,并加上提把便于携带。也可用各种编织的花篮盛仙客来盆花,那样将会使其身价倍增(图 32)。

仙客来不仅是一种很好的观赏盆花,还可以和其他花卉相互组合栽培,根据不同的构思组成各种富有寓意的图案,或配以山石等做成盆景,用以表现某些风土人情等等,使人小中见大,从中感受到返朴归真的乡情(图 33)。

仙客来的单花花期很长,可达 30 天左右,作为切花材料时,在不加任何营养液的清水中也很容易保持 1 个月之久不枯萎,这是其他花种所不及的,也为仙客来的切花利用提供了

图 32　仙客来花篮

优越条件。在新年、春节及其他节日，仙客来作为切花之一，同盆栽具有同样的价值，并且比盆栽适用的范围更广。中小花仙客来因花期长，开花早，花期容易调节，所以世界上很流行这种花束。当然，切花要求花梗长度为 25 厘米以上的品种。

仙客来的插花可以单种花插于各种造型的花瓶中，只要瓶中有水就行(图 34)。也可和其他花卉一同制作多种插花艺术造型及花篮等。

作为远距离运输的包装，可按不同规格定做带有隔离板的纸箱，隔离板可以用塑料板或硬纸板制成，有了隔离板固定，运输过程中花盆不易倾倒，可以保持良好的株型和花叶无损。作为馈赠礼品还可制成带有公司名称、祝贺词等的高级广告性礼品箱。

单盆出售一般都用透明玻璃纸整盆包装，一来可保护花

图 33　仙客来盆景

叶不受损伤，提高商品质量；二来包装纸也能成为极好的广告。

（七）仙客来的选购

消费者对仙客来的选购应注意以下几个问题。

1. 选购时期 仙客来的购入时期多在 10 月份以后至翌年 2 月间，此期正值国内外三大节日，仙客来作为装饰用花和馈赠礼品是购买的最佳时期。

2. 售花场所 如果仙客来长期放于较寒冷的销售处，买回后又放于室内高温处，由于温度的差别，叶片会逐渐似水渍状倒伏，接着花依次败谢而不再开花，生长发育中止。这是由于在低温环境中仙客来的输导组织和叶片已经受冻，到了高温环境中，细胞破裂失水而造成的。因此，售花的场所很重要，一定要购买室内或保温条件较好的花。

另一方面，作为花店或温室装饰好的仙客来往往由于环境温度过高，花虽豪华漂亮，但因在高温中花梗和叶柄增长加快，买回后易出现全株软弱倒伏。因此，选择对象应是从温室到花店后放置天数尽量短的仙客来为好。

3. 株型和长势 挑选仙客来应选叶片多而整齐，从盆的边缘看不到球茎和盆土，花从叶群中央直立而整齐地开放，并且仍有花蕾发育和发生的。花梗的长度，大花仙客来约为手握拳的高度（图 35）；小花仙客来的花梗可稍长一些。叶群和花要排列整齐均匀，株型挺拔秀丽。

4. 病虫害 植株下部叶片多黄叶、枯叶，叶柄和花梗呈油渍状者不宜购买。这类仙客来易发生球根腐烂病。花瓣和幼叶变形者，多为螨类为害。花瓣上有小斑点，多为叶枯病。这些都不宜选购。挑选时一定要注意选择生长健壮、无病虫害

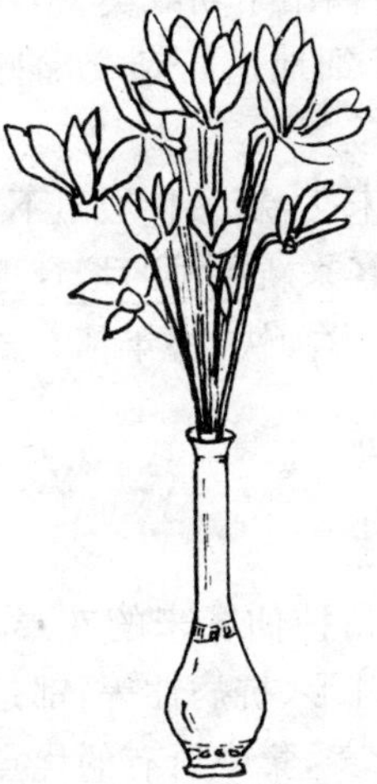

图 34　仙客来瓶插

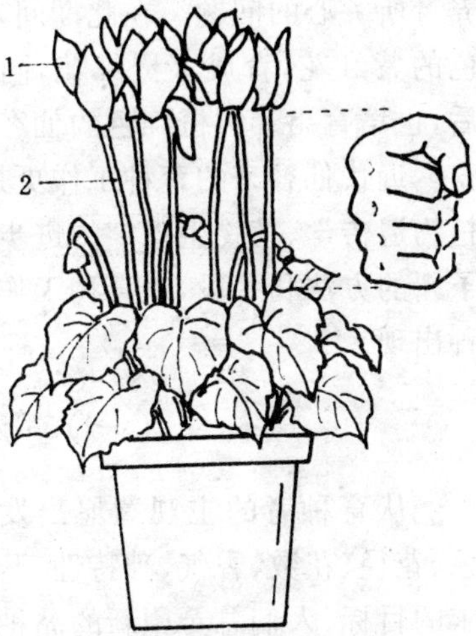

图 35　仙客来株型标准

1. 花　　2. 花梗

者，以防病虫害扩散。

5. 生长与栽培情况　用手触摸仙客来植株，感到叶厚而有弹性的为优良株，若触摸时无弹性，且叶薄，说明植株徒长软弱。

应选择栽植深度正确的仙客来，球茎露出土表1/3～1/2。如果球茎顶部与盆土平行，球茎顶部易存水，会造成球茎腐烂。叶群中心部位有很多花蕾者，可为选购对象。

十二、仙客来新品种的培育

18 世纪，随着仙客来在欧洲大陆的不断流传，这种美丽的花卉已从教堂和上流社会的庭园逐渐普及到大众之中。迎合人们的兴趣追求，增加艳丽花朵的尺寸，已成为当时花木培养者所关心的问题。在此期间，他们分离出了粉红类型，带蓝色的紫红花，育成了橙红花，同时经仔细地进行杂交和回交后，也培育出了鲜橙红色的仙客来。

近代仙客来的育种工作更是方兴未艾，新品种层出不穷。植物遗传学、植物生理学的进步，为仙客来新品种的培育提供了新的方法和手段，使育种工作速度大大加快，每年都有新品种出现。

（一）育种目标

从育种者的主观意愿出发，对新品种仙客来的花形、花色、花径、花数、香气、独特性、开花期、叶形、抗病性等，都是追求的目标，人们总希望新的品种十全十美，集中所有的优点。

1. 花色　对仙客来花色的要求是清晰、美丽，一般喜欢纯色、鲜明并具有独特性。在市场调查中发现，约 1/3 的人偏爱红色仙客来，约 1/5 的人喜欢白色。同时还发现花色还受市场其他流行色的影响。有资料表明，当黑色家具流行时，浅色花的销量增加；当浅色家具盛行时，深色花销售见好。此外，花色也受季节的影响。现在仙客来市场扩大，一般可以从 9 月一直持续到翌年四五月都开花，其间要经过花卉消费量最大的圣诞节、元旦和春节等喜庆节日。因此，育种也应围绕仙客来销售旺季的需要进行。

2. 花形　典型的单瓣仙客来花形固然是育种的主要目标，而实际上重瓣花、皱边花、掌状花、镶边花、波状花等由于其花形独特，也深受人们喜爱。这些花大多是畸形花，是花的不正常发育所造成的，但却在切花中有特殊的价值。在育种中，就要求花形新颖，有突破性。

3. 花的大小　大花仙客来是以往人们追求的目标，目前培育的超大花仙客来花瓣长度可达 7 厘米以上，大型的花还一直是育种的主流；但另外一个趋势是微小型仙客来日益受到人们青睐。微型仙客来的抗性强，花量多，每盆可以少占空间和节省肥料，对于种植者来说也是比较经济的，成本低，管理容易，因此对生产者有一定的吸引力。

4. 花数 要求在花期内能成批开出数量较多的花朵，整齐一致。

5. 香气 外形优美、颜色鲜艳的花具有芳香性，会更受欢迎。因此，许多育种者致力于培养出香型仙客来。

此外，还要求花梗坚挺、整齐，开花期早，花期长等等。

6. 叶 叶的美感同花一样，以色、形为主。仙客来的叶形一般多为美丽的心脏形。叶片所含叶绿素的多少使叶表现出了绿色的浓淡。一般植物浓绿色表明同化作用强，生育旺盛；淡绿色表明发育力弱。叶的浓淡与环境及栽培也有很大关系。仙客来之所以能成为观花与观叶兼用型花卉，其原因之一就是许多仙客来的叶具有大理石花纹般的叶色和银斑，有的品种甚至成为银色叶，在叶面上还有美丽的花纹图案。因此，叶也成为衡量新品种价值的指标之一。

7. 抗病性 现代化的大规模生产要求品种具有较强的抗病性，否则便不易大量发展，一旦病害侵染难以控制。

8. 生产力 这是指新品种栽培的难易。由于环境条件不一，新品种传到各地后可能有不同的反映。对仙客来的要求，首先是对夏季高温的抵抗性及冬季低温的适应性，如果抗性弱，在夏季高温季节表现敏感，生育不良，或者对寒冷的适应性弱，则这个品种就不易推广。能适应各种条件而正常开花，显示出本品种的优良性状，这样的品种才具有生产力，能明显降低生产费用，有利于大规模生产。

除此以外，还要求有均一的生产性，要求种苗生长一致。

（二）育种方法

新品种的育成方法主要有杂交育种、诱变育种、单倍体育种等。

1. 杂交育种 在仙客来的育种中，最基本的是人工杂交育种，任何育种方案都是以简单的杂交开始的。杂交育种简便易行，只要有时间和充分的空间，有简单的设备，任何种植者都可以从事仙客来的育种工作。许多新品种还都是出自业余育种家之手。

（1）**父母本的选择** 父母本的选择可以根据对育种目标的期望有目的地进行。例如选择花的形态、大小、颜色以及叶形、叶色等具有优良性状的品种作父本，然后选择具有花朵健壮、早花特性等其他优良性状的品种作母本，这样就可期望在子代基因中出现较多好的特性。

一般情况下，按预期目标通过杂交传粉来产生品种，此后主要通过种子繁殖，这比主要通过无性繁殖的植物类型更易获取变种，但大大增加了工作量。因为仙客来的基因是很复杂的，每个遗传特性都为基因所控制，而基因存在于细胞核中成对的染色体上，在父母本生殖细胞中的这些基因控制着植株的整个表达特性，如花的颜色、叶片形态、花梗长度等。每个基因通过雄性和雌性细胞遗传给后代，如果要产生不分离的纯种，例如花色，则必须形成某一花色的纯合子，即双亲基因型是完全相同的，如果在同一特性上带有两种不同的基因，则被称为杂合体，这种杂合体继续繁殖还会出现分离，表现出其他特性，只有纯合子才能稳定地表达出所期待的特性。因此，仙客来的杂交育种工作比较繁杂，必须经过多年的探索，掌握父母本的遗传规律，通过连续繁殖后代的方法研究成对交配的变化规律，才可预知后代的性状，如花的大小、颜色等。

在选择父母本时，还要注意掌握植株生长健壮，发育良好，无病虫害等一般标准。

(2)**去雄授粉** 除了繁殖纯系、种内留种需自花授粉外，其余的杂交育种首先要进行去雄，然后异花授粉。仙客来的雄蕊很容易辨认，5 枚雄蕊靠近子房生长，要在初开花而花粉尚未散开时将雄蕊去掉。去雄后可以先套袋，以防其他花粉授粉，在柱头分泌粘液时以期望品种父本花粉授粉，授粉后还应套袋。为保险起见，可于第二或第三天再授粉 1 次。其具体方法见仙客来繁殖技术一节。

仙客来中有些品种是自花不育的，如重瓣品种、簇生花等，这些花雄蕊不发育，因此没有花药。但可用正常花的花粉进行授粉，所以不育总是一方面的，这为杂交育种提供了方便。在育种中其结果往往是一个特定的有吸引力的特性可被组合进来。实际上畸形花是一种没有完全展开的花，花冠部分成为螺旋状，顶部下垂，这也可看成是一个有特色的品种。

(3)**观察记载** 杂交果实成熟、种子播种后就要对子苗进行详细的观察记载。杂交育种中很重要的一条是进行详细的记录，记录那些不平常的细节，为将来回交选择打下基础。在获取有价值的结果之前，大多数杂交都是有希望的。现在从播种到首次开花的时间已有很大变化，培育一个新品种已不像过去那样需要许多年，种子播下后翌年即可开花，对于一些微型仙客来可能更早些。

杂交育种的成功与否，要从子代的各种外部形态来观察。把子代的花形、花色、大小、花期、叶形、叶色、抗性等各方面，都应同双亲反复比较鉴定，以确定其优劣。

目前国外仙客来1代杂种在市场上很受欢迎。这是根据两个已知纯种杂交，并已知后代的 F_1 代种，这个杂交可以一次次重复产生类似的后代。但用1代杂种产生2代杂种则不会像它们的父母，并且每个个体都不相似。早花、生命力强及开花时间的一致性，是1代杂种引起种植者兴趣的一个方面。

2. 诱变育种 仙客来在漫长的栽培历史中曾产生了许多基因突变，而优良的突变性状无疑仍然存在着，但毕竟自然界中这种突变的机率不高。为了新的育种目的，人们采取辐射诱变和化学诱变等方法来增加突变的频率，以获取优良品种。常用的辐射源有 γ 射线、x 射线、中子或重质子线以及紫外线等，也有利用激光照射引发突变的例子。辐射育种主要通过照射风干的种子或生长中的植株来进行，照射剂量需通过试验得出。目前，我国的园艺工作者也开展了仙客来的辐射育种研究工作。

化学诱变主要是通过秋水仙碱、甲基磺酸乙酯、乙烯亚胺等化学诱变剂处理种子或植株而引发变异，也可在胚培养中利用化学诱变剂引变。

3. 花粉培养与单倍体育种 仙客来的栽培周期相对比较长，从种子播种到开花最少需经1年左右。而通过人工杂交育出的新品种，由于其杂合体的特性，根据遗传学原理，具有相对性状的两亲本杂交在1代杂种植株中只有显性性状能够表达，而隐性性状在2代杂种分离时出现。因此，除有目的地使用1代杂种外，要想稳定地得到一个品种并能培育种子，新品种必须经过好几代的分离选择，使品种性状纯合，才能稳定下来，所以需要几年才能真正得到一个新的品种。然而用具有隐性性状的杂种1代杂合子花粉经过离体培养，形成的单倍体花粉植株具有隐性性状的基因，经处理使染色体加倍便可获取具有隐性性状的纯合体植株，使隐性性状表达，这样就可以大大缩短育种时间，一般经过2～3年即可培育出纯系的仙客来。目前许多单位已开始这方面的工作，日本已成功地获取了仙客来的花粉植株。

4.胚珠培养与远缘杂交 仙客来种与种之间的杂交是困难的，在大多数情况下不能形成种间杂种。种间杂交经常不能正常受精，有人认为是染色体数不同的原因，因为种间很少具有相同的染色体数。但也有人认为，远缘杂交种胚败育的一个主要原因是胚发育过程中得不到充分的、为发育所需的营养。然而，正如育种家韦尔斯科说的那样："假如仙客来能在任何两个种之间杂交成功，仙客来的栽培类型可以帮助育种者增加新的品种"。正是这一点吸引着育种工作者。目前栽培品种中多来自于普通仙客来(C. persicum Mill)，这个种具有耐寒、芳香等优点，除了这个种之外还有17个已知的种，导入其优良性状必将大大丰富仙客来品种。所以，许多人在从事染色体与形态学的研究，而另一些人则利用现代的远缘杂种胚进行离体培养，以克服其不育性，使远缘杂交成为可能。

目前，胚珠培养已成功地产生了普通仙客来与地中海仙客来的杂交种、普通仙客来与欧洲仙客来的杂交种、非洲仙客来与地中海仙客来的杂交种等。

主要方法是，在杂交授粉后30天取下子房，灭菌后去除子房壁，将含胚珠的胎座接种。培养基为MS，含糖3～6%，琼脂10克/升，在20℃条件下黑暗培养。